浙江智库
ZHEJIANG
THINK TANK

浙发规院文库
ZDPI PUBLICATIONS

生态共富的理论、模式和政策研究

ECOLOGICAL COMMON PROSPERITY:
RESEARCH ON THEORIES, MODELS, AND POLICIES

高 帅 舒 也 丁丽莲 著

中国发展出版社
CHINA DEVELOPMENT PRESS

图书在版编目（CIP）数据

生态共富的理论、模式和政策研究 / 高帅，舒也，丁丽莲著 . -- 北京 : 中国发展出版社，2025. 6.
ISBN 978-7-5177-1494-1

Ⅰ . X321.2

中国国家版本馆 CIP 数据核字第 2025P5F156 号

书　　　　名：生态共富的理论、模式和政策研究
著作责任者：高　帅　舒　也　丁丽莲
责 任 编 辑：杜　君
出 版 发 行：中国发展出版社
联 系 地 址：北京经济技术开发区荣华中路 22 号亦城财富中心 1 号楼 8 层（100176）
标 准 书 号：ISBN 978-7-5177-1494-1
经 销 者：各地新华书店
印 刷 者：北京富资园科技发展有限公司
开　　　　本：710mm × 1000mm　1/16
印　　　　张：14.5
字　　　　数：200 千字
版　　　　次：2025 年 6 月第 1 版
印　　　　次：2025 年 6 月第 1 次印刷
定　　　　价：78.00 元

联 系 电 话：（010）68990642 68990625
购 书 热 线：（010）68990682 68990686
网 络 订 购：http://zgfzcbs.tmall.com
网 购 电 话：（010）68990639 88333349
本 社 网 址：http://www.develpress.com
电 子 邮 件：121410231@qq.com

前　言

　　浙江是"绿水青山就是金山银山"理念的发源地和率先实践地，也是全国首个共同富裕示范区。无论从理论思索还是从实践认知上，我们都深切地感受到，践行"绿水青山就是金山银山"理念与实现共同富裕都是以人民为中心的发展思想的具体写照，两者具有紧密的内在联系和显著的协同效应。生态共富是以良好生态为辨识度和驱动力的共同富裕，本质上是一种区域发展战略，通过系列模式、机制和项目等，将生态优势转化为发展优势，破解城乡差距、地区差距、收入差距问题，助力完善三次分配体系，并与基本公共服务一体化同频共振，推动擘画"生态文明＋共同富裕"的美好画卷。

　　我们对事物的认识应当从实践中来到实践中去。近几年来，作者团队在浙江省内的山区县、海岛县以及象山南田岛、萧山南部区域、舟山生态小岛等典型区域开展了前瞻性、落地性的谋划研究工作，凝练形成了生态共富的山区模式、海岛模式、都市近郊模式、重大项目驱动模式。不同区域有不同的特点，适用不同的模式，也应有不同的路径。本书将介绍四种模式的特点、路径，并分享不同类型的典型案例，这些案例是我们一直跟踪研究的，其中的多个案例还是我们参与谋划和推动落地的。

　　在实践中，我们发现，生态共富的实现，需要产权、金融、政策性资金"三驾马车"的共同拉动，且离不开生态保护补偿机制的支撑。本书将从生态共富视角，介绍如何理解产权、绿色金融、生态保护补偿机制，分析典型路径、案例及面临的问题，并提出相应的政策建议。生态共富战略的落地，最终还是落脚到对生态资源资产的运作上，本书从操作层面出发，提出了生态资源资产包运作模式，以供大家讨论和参考。

值此"绿水青山就是金山银山"理念提出二十周年之际，本书将作者团队近年来的研究和实践进行总结，献给大家。由于作者理论认知、实践水平有限，本书难免存在一些不足，恳请广大读者批评指正。

高　帅

2025 年 6 月

目　录

第一章　生态共富的现实背景与重大意义

党的二十大报告明确将"实现全体人民共同富裕"与"促进人与自然和谐共生"确立为中国式现代化的本质要求，标志着生态文明建设与共同富裕从战略层面实现了深度融合。推动生态共富不仅是破解"生态贫困"、实现绿色低碳高质量发展的关键抓手，更通过生态公共产品的普惠共享，弘扬了"生态惠民、生态利民、生态为民"的价值导向。从"草木植成，国之富也"的古训到"良好生态环境是最公平的公共产品，是最普惠的民生福祉"①的现代实践，生态共富正成为促进经济、社会和环境协调发展的创新范式，为全球可持续发展贡献中国方案。

一、生态共富的政策背景

（一）生态文明制度的政策背景

生态文明建设是关系中华民族永续发展的根本大计。党的十八大以来，以习近平同志为核心的党中央以前所未有的力度抓生态文明建设，坚持"绿水青山就是金山银山"（以下简称"两山"）的理念，坚持山水林田湖草沙一体化保护和系统治理，开展了一系列根本性、开创性、长远性工

---

① 《习近平在海南考察：加快国际旅游岛建设 谱写美丽中国海南篇》，《人民日报》，2013年4月11日。

作。我国在生态环境保护方面发生历史性、转折性、全局性变化，创造了举世瞩目的生态奇迹和绿色发展奇迹。

党的十八大以来，以习近平同志为核心的党中央把生态文明建设作为统筹推进"五位一体"总体布局和协调推进"四个全面"战略布局的重要内容。党的十八届三中全会提出"生态文明制度体系"，要求加快建立系统完整的生态文明制度体系。自 2013 年以来，我国相继出台多项涉及生态文明建设的方案，初步构建起生态文明建设的制度体系。2015 年 4 月，中共中央、国务院印发的《关于加快推进生态文明建设的意见》明确指出，以健全生态文明制度体系为重点，坚持把绿色发展、循环发展、低碳发展作为基本途径。2015 年 9 月，中共中央政治局召开会议，审议通过《生态文明体制改革总体方案》。该文件着眼于理念方向，着力于基础性框架，明确提出构建制度体系，为加快推进生态文明建设打牢制度桩基，夯实体制基础。2018 年 3 月，十三届全国人大一次会议将"生态文明"写入宪法。党的十九届四中全会审议通过的《中共中央关于坚持和完善中国特色社会主义制度、推进国家治理体系和治理能力现代化若干重大问题的决定》（以下简称《决定》），进一步明确要坚持和完善生态文明制度体系。党的十九届四中全会再次强调，生态文明建设是关系中华民族永续发展的千年大计，进一步完善了生态文明制度体系的顶层设计。

党的十九大以来，习近平生态文明思想为推进美丽中国建设、实现人与自然和谐共生的现代化提供了方向指引和根本遵循。党的十九届四中全会审议通过的《决定》，对"坚持和完善生态文明制度体系，促进人与自然和谐共生"作出系统安排，并提出实行最严格的生态环境保护制度。2021 年 4 月，中共中央办公厅、国务院办公厅印发《关于建立健全生态产品价值实现机制的意见》，旨在建立健全生态产品价值实现机制及推进生态产业化和产业生态化。同年 5 月，中共中央办公厅、国务院办公厅印发《关于深化生态保护补偿制度改革的意见》，围绕生态文明建设总体目标，进一步推进生态保护补偿制度建设，发挥生态保护补偿的政策导向作用。同年 10 月，国务院办公厅印发《关于鼓励和支持社会资本参与生态保护修复的意见》，通过规范社会资本参与生态保护修复的管理制度和激励政策，充分挖掘社会资本潜力，充分调动社会资本参与生态保护修复的积极性。

党的二十大之后，新时代生态文明建设开启了新的篇章。党的二十大报告提出"推动绿色发展，促进人与自然和谐共生"，对新时代新征程生态文明建设作出重大决策部署。党的二十届三中全会通过的《中共中央关于进一步全面深化改革、推进中国式现代化的决定》，将"聚焦建设美丽中国"作为推进中国式现代化的战略重点之一，指出聚焦建设美丽中国，加快经济社会发展全面绿色转型，健全生态环境治理体系，推进生态优先、节约集约、绿色低碳发展，促进人与自然和谐共生。

（二）共同富裕的政策背景

自古以来，共同富裕一直是我国人民的期待和追求。

党的十八大之后，脱贫攻坚被摆在治国理政的突出位置。党的十八大后，习近平总书记多次强调，"小康不小康，关键看老乡"[①]，承诺"决不能落下一个贫困地区、一个贫困群众"[②]。党中央把脱贫攻坚摆在治国理政的突出位置，把脱贫攻坚作为全面建成小康社会的底线任务，组织开展了声

---

① 《中央农村工作会议在北京举行 习近平李克强作重要讲话》，《人民日报》，2013年12月25日。

② 《习近平：在全国脱贫攻坚总结表彰大会上的讲话》，新华社，2021年2月25日。

势浩大的脱贫攻坚人民战争。党的十八届三中全会审议通过的《关于全面深化改革若干重大问题的决定》提出：改革收入分配制度，促进共同富裕，推进社会领域制度创新，推进基本公共服务均等化。在脱贫攻坚取得全面胜利后，促进全体人民共同富裕也被摆在更加重要的位置，共同富裕逐步从目标理念转化为具体行动。

党的十九大之后，共同富裕有了具体的时间表和路线图。当前我国发展还存在不平衡不充分的问题，各地区推动共同富裕的基础和条件不尽相同，因此共同富裕的实现不可能整齐划一，而是分阶段分步骤完成。针对共同富裕的时间安排，党的十九届五中全会提出在"十四五"期间要扎实推动共同富裕，并提出了一系列重要部署和重大举措；在 2035 年基本实现社会主义现代化远景目标时，"全体人民共同富裕取得更为明显的实质性进展"。党的十九大报告指出，到本世纪中叶全体人民共同富裕基本实现，我国人民将享有更加幸福安康的生活，也为共同富裕提供了明确的具体时间表。针对共同富裕的路线安排，以"先试点、后推广"的模式来推进，选取基础条件较好的浙江省进行试点。2021 年 6 月，中共中央、国务院发布《关于支持浙江高质量发展建设共同富裕示范区的意见》，对浙江如何建设共同富裕示范区提出明确要求。浙江对此积极响应，并进行了一系列探索性实践（见专栏 1–1 ）。

专栏 1–1 浙江践行示范区使命，扎实推进共同富裕

浙江以缩小"三大差距"为主攻方向，以高质量发展为基础，以改革创新为动力，全面落实《关于支持浙江高质量发展建设共同富裕示范区的意见》的要求，扎实推进共同富裕建设。

系统构建体系架构，统一共同富裕话语体系。出台《浙江高质量发展建设共同富裕示范区实施方案（2021—2025 年）》，编制高质量发展建设共同富裕示范区系统架构图，明确"1+7+N"重点工作跑道和"1+5+N"重大改革跑道，构建话语体系、明确任务架构。

找准突破性抓手，打造一批标志性成果。例如，在推动"农村集体经济改革发展（强村富民）"方面，创新集体经济经营模式，探索"飞地抱团"新路径，推进全省域闲置农房盘活，探索农业标准地改革、宅基地"三权分置"改革等。

鼓励各方探索，涌现出一批生动实践。例如，在缩小地区差距方面，泰顺县新建滨江"科创飞地"，探索"研发创新在外地、成果转化在本地"新模式。在缩小城乡差距方面，湖州市作为浙江省"缩小城乡差距领域"全市域改革试点市，以农业"标准地"改革推进农业经营性项目建设用地配套；义乌市开展农村宅基地"三权分置"改革，发放农房抵押贷款 210 亿元；嵊泗县开展渔农村宅基地自愿有偿退出改革试点工作，农房户主在所有权、资格权不变的前提下通过将宅基地房屋使用经营权流转的方式，实现增收。

党的二十大之后，共同富裕开启新时代新征程背景下的新阶段。共同富裕是在全面现代化、新发展格局和高质量发展框架中进行设计的，它既是发展的目标之一，也是发展的有效手段。党的二十大报告将实现全体人民共同富裕纳入中国式现代化的本质要求，并对扎实推进共同富裕作出重要战略部署。党的二十届三中全会提出，聚焦提高人民生活品质，完善收入分配和就业制度，健全社会保障体系，增强基本公共服务均衡性和可及性，推动人的全面发展、全体人民共同富裕取得更为明显的实质性进展。当前，我国已经历史性地解决了绝对贫困问题、如期全面建成小康社会，"逐步消灭贫穷"的历史任务已经完成。新时代新征程，坚持走实现全体人民共同富裕的现代化新道路，坚持把实现人民对美好生活的向往作为现代化建设的出发点和落脚点，着力维护和促进社会公平正义，着力促进全体人民共同富裕，坚决防止两极分化。

二、生态共富的现实需求

（一）生态保护修复已取得显著成效，但仍需巩固深化

党的十八大以来，全党全国人民坚持"两山"理念，全方位、全地域、全过程加强生态环境保护，生态环境保护政策和制度体系日臻完善，生态环境保护力度持续加大，生态环境综合治理不断取得新成效。生态保护修复方面，我国实施天然林保护、退耕还林还草、"三北"防护林等重大工程，截至 2024 年 8 月，全国累计完成造林 10.2 亿亩，人工林面积稳居世界第一。污染防治攻坚方面，2023 年我国地表水 Ⅰ 到 Ⅲ 类优良水质断面占89.4%，与 2016 年相比上升 21.6 个百分点；2023 年全国地级及以上城市细颗粒物（$PM_{2.5}$）平均浓度为 30 微克/米^3，相比 2019 年下降了 16.7%，全国空气质量优良天数比例为 85.5%，较 2019 年上升 3.5 个百分点，减污治污成效日益彰显。城乡人居环境方面，城镇环境基础设施建设加快推进，农村人居环境不断改善，如 2024 年我国农村卫生厕所普及率达 75%左右，生活污水治理（管控）率达到 45% 以上。尽管我国在生态环境保护方面取得了显著进展，但生态环境保护的结构性、根源性、趋势性压力尚

未得到根本缓解。我国经济社会发展已进入加快绿色化、低碳化的高质量发展阶段，生态保护修复任务仍处于压力叠加、负重前行的关键期。

（二）"两山"转化理念已形成共识，但转化路径尚不清晰

"两山"理念已经在全国范围内形成共识，并在一些地区取得了显著成效。例如，浙江省安吉县充分发挥生态资源优势，通过发展生态旅游、绿色农业等产业，持续拓宽"两山"转化路径。2022 年，安吉县实现地区生产总值 582.4 亿元，农民人均可支配收入达到 4.2 万余元，分别较 2005年增长约 5.5 倍和 5 倍。福建省南平市通过对碎片化的生态资源进行集中收储与整合、产权交易和流转，加快推动以"茶、竹、水"为代表的生态产品价值转化。然而，尽管安吉、南平等地取得了成功经验，但大量生态资源优良地区，"两山"转化的路径仍不明确，其经济效能尚未充分发挥。丰富优质的生态资源大多数分布于经济发展相对落后的山区、高原、草原、海岛、乡村。由于基础设施薄弱、技术支撑不足及市场接入有限等原因，从生态优势到经济效益的转化路径并不明确，导致这些地区在寻找促进生态保护和推动地方经济可持续发展之间的平衡点时面临诸多挑战。基础设施方面，由于很多生态优良地区位于偏远山区和乡村，交通、电力、通信等基础设施建设相对滞后，限制了外部投资和游客进入，也增加了当地产品和服务向外输出的成本。技术支撑方面，许多生态优良地区缺乏相关的专业人才和技术服务，这使得即使这些地区拥有良好的自然资源条件，也难以有效开发利用。市场接入方面，生态优良地区的生产者往往面临着市场信息获取困难的问题，不了解市场需求动态，难以根据市场需求调整生产和供应策略。

（三）生态富民利益分配机制已有探索，但体系化共享机制的细化设计不完善

在新发展阶段，想要高质量推进生态产品价值实现，需要推动利益分配机制的不断完善。中共中央办公厅、国务院办公厅印发的《关于建立健全生态产品价值实现机制的意见》明确指出：鼓励实行农民入股分红模式，保障参与生态产品经营开发的村民利益，健全利益分配和风险分担机制。当前浙江的部分生态产品价值实现先行地区对生态产品价值转化带来的生态收益的分配机制已有初步探索。例如，安吉县探索建立"两入股三收益"（优质资产、资源量化入股，村集体和农民拿租金、挣薪金、分股金）利益联结机制，坚持政府主导和农民主体并重，遵循"保底收益＋效益分红"原则，托底保障村集体和村民收益，兼顾保障低收入农户权益，维护保障经营者主体利益，让"好效益"得到"好分配"。再如，衢州市围绕放活集体林地经营权，重点探索"企业＋集体＋农户"等利益联结机制，创新林地经营权"二次入股"模式，即村组集体和个人的林地经营权折资入股到村级林业专业合作社，再由合作社入股到经营主体，实现"一地生三金"。

但从全国层面看，生态产品价值实现的利益分配机制仍有不足之处。一是系统性的利益共享分配机制的顶层制度设计的细化落实不够，缺乏体系化的政策指导文件或者法律的规范。二是部分乡村地区在构建生态富民惠民的利益联结机制方面仍存在不足，经营主体与村集体、农民之间尚未形成利益共享、风险共担的紧密利益共同体。作为生态资源使用权的最初拥有者，农民参与生态产品经营的积极性不足，更多选择外出发展。三是农民财产性收益仍以生态资源资产的流转租金为主，并未形成与产业化开

发收益挂钩的长效增长机制。

（四）全社会发展水平逐步提升，但共富兜底保障仍存在城乡落差

党的十八大以来，重点群体收入增长措施持续发挥作用，特别是精准扶贫、精准脱贫各项政策深入推进，使人民的收入水平、家庭居住与生活条件、健康状况、社会保障等方面都得到极大改善。但对照收入、基础设施、社会保障等方面可发现，以良好生态为特征的乡村地区与城市地区相比仍然存在较大的共富落差。

三、生态共富的重大意义

（一）助力探索生态文明新境界

从生态文明建设来看，习近平生态文明思想深入人心，"山水林田湖是一个生命共同体"[①]"两山"等理念在全社会正加快树立并广泛践行，生态文明领域的社会文化体系、多元参与行动体系、政策法规体系等不断健全，绿色生产方式和生活方式正加快形成。谋划推进生态共富，是在生态环境高水平保护的前提下，高起点、宽领域、深层次推动"绿水青山"向"金山银山"的高水平转化；探索面向共同富裕的生态产品价值实现新路径、新抓手、新机制，让"两山"转化产生的生态红利更多为人民大众所共享，实现做大"蛋糕"与分好"蛋糕"的良性互促，对建设人与自然和谐共生的现代化具有重要意义。

---

① 《关于〈中共中央关于全面深化改革若干重大问题的决定〉的说明》，新华社，2013年11月15日。

（二）助力探索共同富裕新路径

从促进共同富裕来看，坚持以满足人民日益增长的美好生活需要为根本目的，以高质量发展为基础，以改革创新为动力，持续推进缩小"三大差距"，持续推进基本公共服务一体化均等化。谋划推进生态共富，将蕴含在"绿水青山"中的经济价值和增量"财富蛋糕"，依靠市场化路径、产业化开发挖掘出来，并通过股金、薪金、租金、公共服务提升等机制，更好惠及高素质农民、低收入农户等生态资源资产的拥有者，为缩小"三大差距"、完善"三次分配"、促进基本公共服务一体化探索路径和积累经验。

（三）助力探索可持续发展新模式

从国际上来看，可持续发展是破解当前全球性问题的"金钥匙"。在可持续发展理论的演进过程中有三个里程碑事件。1972 年举行的联合国人类环境会议是第一个里程碑，指出了经济增长会引起环境问题；1992 年举行的联合国环境与发展会议是第二个里程碑，将环境与发展整合在了一起并提出了可持续发展的理念；2012 年联合国"里约 +20"峰会是第三个里程碑，强调可持续发展要通过合作治理来实现。历经多年发展，可持续发展已经形成公认的概念和内涵，是既满足当代人的需求，又不对后代人满足其需求的能力构成危害的发展，涉及经济、社会、环境三个系统，强调治理体系的建设和治理能力的提升。生态共富源于生态文明、共同富裕两大"中国特色"概念，在理念、路径、政策、机制等维度与可持续发展吻合相通，可以作为助力探索可持续发展的新模式。

第二章　生态共富的理论研究

　　生态共富本质上是一种区域发展战略，战略的落地以区域为载体，战略的实施以区域空间为范围，坚持以人民为中心的发展思想，以改革创新为根本动力，推动解决城乡差距、地区差距、收入差距（以下简称"三大差距"）问题，助力完善三次分配体系，推动基本公共服务的一体化、均等化提升，着力擘画"生态文明＋共同富裕"的美好画卷。

一、生态共富的理论逻辑

　　认识生态共富，可以从整体与部分、局部与局部、过程与目标等辩证关系角度来进行分析，本节通过生态共富的天平模型、哑铃模型、竹节模型三个模型，来理解其理论逻辑。

（一）天平模型

　　生态共富是以良好生态为辨识度和驱动力的共同富裕。从天平模型（见图 2-1）来看，生态共富是一个整体概念。天平的一端表征为生态环境高水平保护，要像保护眼睛一样保护生态环境，像对待生命一样对待生态环境，着力推动山水林田湖草沙一体化保护和修复，将共同富裕建设在良好生态环境的基础之上。天平的另一端表征为经济社会高质量发展，深入践行"两山"理念,将生态环境优势转化为经济社会发展优势,推动实现共同富裕。

图2-1 生态共富的天平模型

资料来源:笔者绘制。

整体而言,生态共富表征着一定区域的均衡发展,是生态环境与经济社会复杂巨系统的总体均衡,对推动人与自然和谐共生的现代化具有重要意义。

(二)哑铃模型

生态共富是链接生态文明与共同富裕的"路"和"桥",着眼于两者的同频共振,产生"1+1>2"的效能。从哑铃模型(见图 2-2)来看,生态共富强调链接、互促、协同,一端着眼于做大"蛋糕",通过生态产业化、产业生态化、生态环境导向的开发(EOD)、运营两山合作社等,推动生态产品价值实现,将生态优势转化为发展优势;另一端着眼于分好"蛋糕",通过生态资源资产入股、村集体增收、生态产业扩大就业、公共服务提升等,推动实现共同富裕。

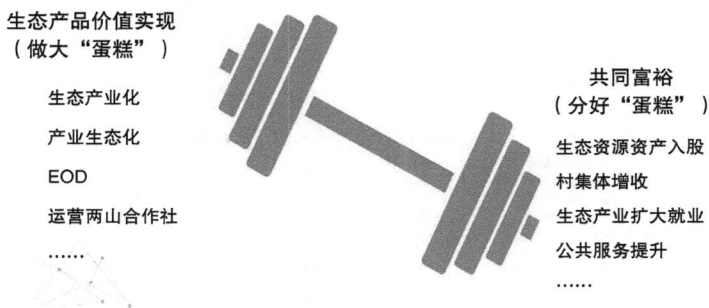

生态产品价值实现
（做大"蛋糕"）

生态产业化

产业生态化

EOD

运营两山合作社

……

共同富裕
（分好"蛋糕"）

生态资源资产入股

村集体增收

生态产业扩大就业

公共服务提升

……

图2-2　生态共富的哑铃模型

资料来源：笔者绘制。

生态共富是做大"蛋糕"与分好"蛋糕"的互促与协同。一方面，做大"蛋糕"是分好"蛋糕"的物质前提。通过"绿水青山"向"金山银山"的高效转化，推动做大生态共富"蛋糕"。"蛋糕"不大，分得再好，意义也不大。另一方面，分好"蛋糕"也是进一步做大"蛋糕"的激励机制。通过完善分股金、拿租金、挣薪金等利益共享机制，让生态资源资产的拥有者、保护者得利，为"两山"转化的产业化开发创造良好氛围，促进"蛋糕"的进一步做大。

（三）竹节模型

从竹节模型（见图2-3）来看，生态共富是一个结果，也是一个过程，由一系列事件构成，是发展过程与发展目标的统一。依据区域发展的现实状况、经济基础、自然生态、社会条件等，可以制定不同的生态共富策略和标准。不同条件的区域推动生态共富，无论从结果看还是从过程讲，都会呈现因时、因地、因人、因文化的差异，但总体而言，都是分阶段推进、逐步提升，而不是一碗水端平、一蹴而就。

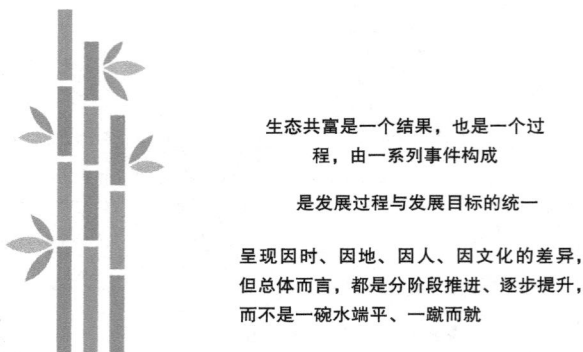

生态共富是一个结果，也是一个过程，由一系列事件构成

是发展过程与发展目标的统一

呈现因时、因地、因人、因文化的差异，但总体而言，都是分阶段推进、逐步提升，而不是一碗水端平、一蹴而就

图2-3 生态共富的竹节模型

资料来源：笔者绘制。

推进生态共富，是一系列事件在一定时空范围内持续发生，通过共同劳动、共同创造、共同奋斗、共享"蛋糕"，在高水平保护生态环境的前提下，将"绿水青山"的经济价值逐步转化出来，实现共同富裕。

二、生态共富与三大差距

《中共中央 国务院关于支持浙江高质量发展建设共同富裕示范区的意见》明确指出，高质量发展建设共同富裕示范区，要以解决城乡差距、地区差距、收入差距问题为主攻方向，更加注重向相对欠发达的农村、基层等倾斜。这些地区恰恰是"绿水青山"资源相对集中和丰裕的区域，是实现共同富裕、培育中等收入群体的重点区域、薄弱区域。实施生态共富区域战略，就是要在这些地区因地制宜、持续发力，通过改革创新，推动实现高质量发展，缩小城乡差距、地区差距、收入差距，不断满足人民美好生活需要。

（一）推动缩小城乡差距

生态文明建设的主战场在乡村，生态共富的主战场也在乡村。乡村不仅是农业生产的空间载体，也是生态资源资产的主要分布区、生态产品的主要供给区、生态产业的主要支撑区。土地资源是人类社会发展最为重要的生产要素之一，与资本、劳动力、技术等共同推动了经济社会的发展，生态资源资产也主要依托土地存在和发展。城乡差距问题的产生，与我国城乡土地制度安排的三个"二元"（见专栏 2-1）特征紧密相连，直接影响着乡村生态资源资产的产业化开发与经营。

专栏 2-1　城乡土地制度安排的三个"二元"

城乡土地的二元所有制。城市土地属于国家所有，并由国务院代为行使所有权；农村土地属于集体所有，并由乡镇集体组织、村集体组织或村民小组代为经营、管理。

城乡土地的二元市场。国有土地可以就土地使用权进行市场化的交易，在土地市场交易中政府具有一定的垄断属性；集体土地入市交易面临的壁垒较多，除改革试点外，一般难以入市。

地方政府的二元角色。地方政府在土地市场上，既作为"裁判员"，是土地资源的管理者，管控着土地的用途、性质等，主导市场交易；同时又是"运动员"，征收集体土地，将其转为国有土地，并进行交易。

山、水、林、田、湖、草、沙等有形生态资源和清新空气、碳汇、释氧等无形生态资源，都依附于土地。乡村地区生态资源资产丰富，通过土

地、海域、金融等方面政策供给，可加快推动生态产业化、产业生态化。将乡村的生态资源资产盘活利用，并对其进行经营开发，让资金、人才、技术、理念等生产要素进入乡村，推动生态经济、美丽经济向更多产业拓展，带动生产方式、组织方式、发展模式的变革，促进乡村的高质量发展，缩小城乡差距。

（二）推动缩小地区差距

从区域角度来看，以浙江为例，地区差距主要体现在山区县和海岛县上。浙江山区县面积约为全省陆域面积的45%，常住人口约占15%，经济社会发展相对落后。此外，浙江还有6个海岛县。长期以来，这些区域受限于交通、土地、能耗、环境容量、资金等，发展的内生动力不足，是全省共同富裕示范区建设的重点关注地区。同时，这些地区积淀了丰富、优质、价值巨大的生态资源资产，有大量生态产品可供给，适宜走生态共富的特色发展之路。浙江将"绿水青山"转化为"金山银山"，推动这些区域的高质量发展，缩小地区差距。

以浙江山区县为例。浙江26个山区县 [①] 资源资产丰富，2023年省控断面Ⅰ类和Ⅱ类水质占比92%，高于全省平均31.2个百分点；空气质量优良天数比例为98.2%，高于全省4.8个百分点；$PM_{2.5}$ 浓度为23微克／米³，优于浙江省设区市的 $PM_{2.5}$ 浓度（27微克／米³）4微克／米³。浙江山区县主要包含衢州市、丽水市的所辖县（市、区），以及杭州市、温州市、台州市、金华市的部分县，这些地区是全省重点支持发展的较落后地区（见专栏2-2）。这些地区已经形成一些依托生态资源、促进共富的生态产业，

---

① 2024年之前，浙江山区县共有26个。2024年、2025年，山区县动态减少了6个县，即山区县实际上为20个县。2024年之前的山区县可称为山区26县。

例如，常山胡柚、磐安中药材、开化清水鱼、江山夯土房民宿等生态特色产业。这些生态特色产业促进了这些区域百姓的增收致富。

专栏 2-2　浙江持之以恒支持山区县发展

在浙江，山区 26 县特指衢州、丽水两市的所辖县（市、区），以及淳安、永嘉、平阳、苍南、文成、泰顺、武义、磐安、三门、天台、仙居等 26 个山区县。地处山区的 26 县，在过去相当长的一段时间里，经济和社会发展程度低于全省平均水平。

20 多年来，浙江通过"山海协作""百亿帮扶"等工程助力山区县发展，尤其是 2021 年高质量发展建设共同富裕示范区以来，浙江为山区县量身定制"一县一策"，做强做优"一县一业"，出台一系列超常规政策，使其驶入发展快车道。截至 2023 年底，"山区 26 县"地区生产总值均突破百亿元，居民人均可支配收入与全省平均之比达 0.745，提前完成 2025 年目标。平阳、柯城、莲都三地生产总值均突破 500 亿元，在全省 90 个县（市、区）中跻身中游。

浙江对山区县实施分类动态调整机制。2024 年，温州市平阳县、衢州市柯城区、丽水市莲都区被调出，2025 年温州市永嘉县、苍南县和衢州市江山市被调出。对调出的山区县原有扶持政策三年保持不变。目前山区县数量动态调整为 20 县。

（三）推动缩小收入差距

实现共同富裕，要推动形成以中等收入群体为主体的"橄榄型"社会结构，重点关注技术工人、科研人员、中小企业主和个体工商户、高校毕业生、高素质农民、新就业形态从业人员、进城农民工、低收入农户、困难群体 9 类群体。推动生态共富，主要发展生态农业、林下经济、生态旅游、康养休闲等生态环境依赖型产业，同时也关联数字经济、洁净医药、精密仪器等生态环境敏感型产业。这些生态产业的发展，将直接惠及中小企业主和个体工商户、高校毕业生、高素质农民、新就业形态从业人员、进城农民工、低收入农户等群体，对缩小收入差距具有积极意义。

三、生态共富与三次分配

完善收入分配制度是实现共同富裕的重要路径。共同富裕是全体人民的富裕，不是少数人的富裕，也不是整齐划一的平均主义，明确提出"构建初次分配、再分配、第三次分配协调配套的制度体系"。推进实现生态共富，要处理好效率与公平的关系，推动三次分配的制度机制完善，初次分配讲效率兼顾公平，再分配讲公平兼顾效率，第三次分配讲自愿、讲道德。

（一）生态共富与初次分配

社会主义初级阶段的基础分配制度以按劳分配为主体、多种分配方式并存。初次分配注重效率，它不只是按劳动来分配，还按多种要素来分配。在市场经济条件下，市场对资源配置起决定性作用，劳动力、土地、资本、技术、管理和数据等要素都应由市场配置，并按各自的贡献获得回报。

推进实现生态共富，通过培育生态产业，促进乡村、良好生态地区的就业，提升土地要素价值，增加技术、管理、数据等要素价值。依靠市场机制，可拓宽群众增收渠道，助力人民群众增收。政府加强生态产品经营开发的要素供给，为生态产品的市场化开发和产业化经营创造条件。同时，也需要增加制度机制供给，推动生态资源资产产权改革，拓展农村土地的用益物权，助力村集体、农民增加财产性收入。

（二）生态共富与再分配

初次分配主要在市场主体端，再分配则由政府主导，更侧重对公平的考量，包括税收、社保、转移支付等。推进生态共富，要在统一大市场的基础上，制定有利于推进生态产业化和产业生态化的税收政策，引导和激励相关主体完善社会保障体系建设。更重要的是，要着眼于生态保护的外部性效应，建立健全面向共同富裕的生态保护补偿机制，形成以生态保护成本为主要依据的分类补偿体系，让受益者付费、保护者受益，实现共同富裕与生态保护的同频共振。浙江省省级财政政策主要包括区域协调财政专项激励政策和绿色转化财政专项激励政策（见专栏 2-3）。

专栏 2-3　浙江省省级财政政策的实践做法

区域协调财政专项激励政策。为贯彻落实省委、省政府关于支持山区高质量发展的重大决策部署，推动区域协调财政专项激励政策有效落实，面向山区县择优选取 15 个县（市、区）作为激励对象，每年拨付 1.2 亿～1.5 亿元，给予分档激励补助。重点用于推进产业链延伸，推动优势明显、带动能力强、就业容量大的产业项目，形成"一县一业"发展格局。

绿色转化财政专项激励政策。为践行"两山"理念，以"共富大美"为主题，以生态创造价值为主线，将未纳入区域协调财政专项激励政策的山区县和 3 个海岛县作为绿色转化财政专项激励政策的实施对象，给每个山区县拨付 3 亿元，给每个海岛县拨付 1 亿元，重点支持相关地区改善生态环境，探索"绿水青山"向"金山银山"高质量转化通道，推动生态产品价值实现。

（三）生态共富与第三次分配

第三次分配一般指由公益慈善机构和志愿者组织主导，按照自愿原则，以募集、自愿捐赠等慈善公益方式对社会资源和财富进行的分配。其核心是政府制定激励促进机制，引导高收入群体增强社会责任感，共同推动实现共同富裕。推进生态共富，应引导壮大绿色慈善和公益事业，鼓励大企业、家族信托基金持有者、高收入工作者等"先富群体"，以慈善、公益的形式，通过联合开发、技术转移、人才培训、生态保护修复、绿色产品认购、生态环境体验等方式，参与共同富裕事业。专栏2-4就列举了一个典型的第三次分配案例。

专栏 2-4　谢径安·传化农创村

传化集团是一家位于杭州市萧山区的多元化民营企业，是中国500强企业。2022年以来，传化集团在杭州市萧山区浦阳镇，联合远离城区、经济薄弱、生态优良的谢家、径游、安山三个村庄打造"谢径安·传化农创村"。按照政府主导、企业驱动、公益赋能原则，发展生物种业、高效生态种养、加工流通等产业，构建农业科创服务平台，推动农村一二三产业融合发展。根据村庄需求，培育村级基金会，围绕乡村公益社团孵化、乡村文化挖掘、生态环境保护、公共服务提升、乡村人才培养等开展公益慈善事业，提升乡村治理水平和乡村发展的内生动力。截至2024年9月，"谢径安·传化农创村"项目带动村集体增收112万元，帮助289位村民就业、增收881万元，公益服务村民8527人次。

四、生态共富与基本公共服务一体化

在生态共富的谋划和推动中，要重点把握两个方面：一是实现生态共富与基本公共服务一体化协同推进；二是借力生态共富发展的增量"蛋糕"来补齐基本公共服务的短板。

（一）生态共富与基本公共服务一体化协同推进

推进基本公共服务一体化工作，要更加关注山区海岛县，更加关注农民农村，更加关注教育、医疗、养老三大民生痛点。这些与生态共富关注的重点区域、重点群体及亟须补齐的短板高度一致。教育、医疗、养老等配套公共服务的完善，能够为生态资源资产的开发、新人群的导入、新产业的形成创造有利条件，反之同样成立。基本公共服务一体化与生态共富具有很强的协同效应。例如，近年来安吉等地依托良好的生态资源及配套设施，吸引了大批数字游民及相关产业（见专栏2-5），在带动地方经济发展的同时，也促进了乡村公共服务配套的进一步完善。要实现新增公共服务设施的可持续运营，就要将当地村民对基本公共服务的需求和数字游民等新乡人的增量需求结合起来，统筹兼顾实现自我造血功能。

专栏 2-5　DNA 数字游民公社

近几年来，在浙江省湖州市安吉县溪龙乡这个以种植白茶而著称的宁静之地，形成一处"潮"人聚集地——DNA 数字游民①公社。目前在这里居住过的数字游民累计已超千人。DNA 数字游民公社位于溪龙乡横山村，深藏于农居乡间，被茶山竹林环绕。这里原本是一座闲置工厂，经过溪龙乡的"微改造 精提升"活动，变成了溪龙乡乡村振兴人才和创意的孵化基地，是溪龙乡将"一村一品"建设与"乡村创业首选地"打造相融合的一种新兴模式。DNA 数字游民公社为当地注入了新鲜的血液，带动了乡村公共服务配套的完善。

（二）补齐基本公共服务的短板

社会保障是公共服务的重要内容。2021 年，习近平总书记在十九届中央政治局第二十八次集体学习时指出，城乡、区域、群体之间待遇差异不尽合理；社会保障公共服务能力同人民群众的需求还存在一定差距②。目前，不同区域间、不同群体间社保待遇差距仍然较大，表现为农民养老待遇偏低，尤其是基础养老金水平较低。农村地区有大量闲置资源资产，通过深化改革、创新政策供给，可以实现产业化开发，并形成生态共富的增量"蛋糕"。这些增量收入建议优先用于改善农村群众的社保待遇。同时，还应进一步强化社保政策统筹，统一规范投保范围、筹资标准、赔付机制、运营监管等基本政策，逐步实现省级统筹。

---

① 数字游民，指的是那些通过网络实现移动化办公的人，他们可以在任何地方进行工作，主要从事互联网技术、创意类和自媒体运营等职业。有数据显示，2022年全球数字游民的数量达到3500万人，预计到2035年，这一群体的人将将超过10亿人。在国外，葡萄牙、德国、泰国等国家，近年来都不约而同地向数字游民抛出橄榄枝，如引入数字游民签证等方式；在国内，浙江安吉、福建泉州、云南大理、海南文昌等地也纷纷办起了数字游民社区。

② 《促进我国社会保障事业高质量发展、可持续发展》，《求是》，2022年4月15日。

第三章　生态共富的山区模式研究

山区模式聚焦山地、丘陵等地区，旨在通过深入挖掘和高效利用森林、水能、矿产等生态资源，推动经济可持续发展与共同富裕。例如，山区可以发展林下经济，种植中药材、食用菌等具有高附加值的农产品，同时还可以发展生态旅游、森林康养等产业，吸引游客前来观光、休闲和养生。此外，山区的水资源和土地资源也可以通过科学合理的开发和利用转化为经济价值，如发展水电产业、生态农业等。浙江省70%的面积为山地丘陵，浙江省拥有丰富的山区资源和较高的森林覆盖率。通过实施山海协作工程、"一县一策"、"一县一业"等举措，浙江省在生态共富的山区模式方面取得了显著的成效。

一、山区特点

（一）生态本底优良，奠定生态产品价值转化的基础

浙江省山区的森林覆盖率较高。根据2023年浙江省森林资源年度监测数据，全省森林面积有61198平方千米，森林覆盖率达61.36%，位居全国前列。其中，西南山区设区市的森林覆盖率明显更高，如丽水市2024年森林覆盖率高达80.3%。浙江省生物多样性丰富，拥有6100余种高等植物和790种陆生野生脊椎动物，许多物种被列为国家重点保护物种。以丽

水市为例，丽水市是浙江省生物多样性最丰富的地区之一，有 216 种国家重点保护野生动植物物种，包括百山祖冷杉、黑麂、中华秋沙鸭、金斑喙凤蝶等。2024 年丽水市被评为全球"生物多样性魅力城市"。优良的生态本底不但提升了浙江省山区的生态服务功能，如水源涵养、气候调节、空气净化等，还为生态旅游发展、绿色农业和生物资源开发等提供了得天独厚的条件。丽水市凭借丰富的生物多样性资源，吸引了众多国内外游客前来探索自然、体验生态旅游的乐趣，促进了山区居民的收入增加和生活质量提升，带动了当地经济的绿色发展。

（二）基础设施逐步完善，开启生态产品价值转化新篇章

近年来，浙江省通过实施多轮"千村示范、万村整治"工程（以下简称"千万工程"）和"811"生态文明先行示范行动，山区的基础设施建设取得了显著成效。这不仅提高了农村居民的生活水平，也为生态产品价值转化创造了良好条件。交通设施方面，浙江省基本实现了山区乡镇和 3A 级景区通三级路。例如，景文高速的通车将景宁畲族自治县到温州市文成县的车程从 150 分钟缩短为 40 分钟，这不仅促进了当地农产品的流通，也吸引了更多游客前来旅游，增加了当地旅游收入。供水和供电保障方面，城乡规模化供水覆盖率超过 90%，农网供电可靠率达到 99.99%，为山区居民的生活和产业发展提供了稳定的保障。通信网络覆盖方面，5G 网络和光纤资源在重点行政村实现了全覆盖，这为山区的电子商务、智慧农业等新兴产业的发展提供了技术支持，拓宽了生态产品的销售渠道和市场范围。

（三）政府顶层规划引领，拓宽生态产品价值转化路径

在浙江省山区发展过程中，政府的角色至关重要。国家和省级层面出台了一系列政策措施，旨在促进山区经济和社会的全面发展。

一是历年山海协作政策支持。自 2002 年山海协作工程正式实施、2015 年出台《关于进一步深化山海协作工程的实施意见》、2022 年出台《关于进一步加强山海协作结对帮扶工作的指导意见》，山海协作工程通过经济强县与欠发达县的结对帮扶政策，促进了资源和产业的合理流动与配置。截至 2023 年，山区 26 县通过山海协作工程累计获得资金近 1000 亿元，完成产业合作项目投资 7305 亿元。例如，淳安县与杭州市西湖区通过山海协作工程建立了多个"飞地"项目，发展高端制造和数字经济等产业。

二是共富示范区政策加码加力。2021 年，中共中央、国务院发布《关于支持浙江高质量发展建设共同富裕示范区的意见》，明确了浙江在推动共同富裕方面的战略定位和具体任务。浙江省作为高质量发展建设共同富裕示范区，出台了一系列政策以缩小地区差距，推动山区县的经济发展。如"一县一策"措施，针对不同山区县的特点制定专项扶持政策，促进产业高质量发展。同时，自然资源和规划、林业等部门出台支持山区县跨越式高质量发展的相关政策，通过加强要素保障、推动重大项目建设等途径，加快将山区生态优势转化为经济优势。

（四）应对人口外流挑战，推动"空心村"向"振兴村"蝶变

第七次全国人口普查数据显示，在近 20 年浙江省常住总人口大幅增长的背景下，全省农村常住人口不增反减，减少了 600 余万人，农村人口大量外流导致"空巢"现象愈发突出。这种现象在山区尤为普遍。人口外

流不仅使村庄劳动力短缺，还引发土地闲置、基础设施老化等问题。

2005—2021 年，浙江省行政村建制数量从 3.44 万个减少到 1.98 万个，平均每年减少 912 个村。根据全省抽样调查数据，截至 2023 年，全省常住人口占户籍人口比例低于 30% 的村庄约有 2300 个，占比为 11.23%。2005—2021 年，全省村庄数量持续缩减、村庄规模持续增大，单村人口规模从 626 人增长到 903 人。2005—2022 年，全省农村常住人口减少了 400 万人，平均每年减少 23.5 万人。

面对这一挑战，浙江省通过一系列乡村振兴措施，成功将部分"空心村"转变为"振兴村"。例如，宁海县实施"千万工程"，探索出了一条以共同富裕理念为核心的"空心村"活化路径，有效激发了村庄的内生动力。安吉县梅溪镇红庙村通过改造废弃水泥厂，打造了"深蓝计划 X"咖啡店，吸引了大量年轻消费者，成为当地的新名片。此外，安吉县还吸引了数字游民入驻乡村，通过改造废弃竹木加工厂，创建了 DNA 数字游民公社，为乡村振兴事业输送了源源不断的人才（见专栏 3-1）。2003—2023 年，全省各级财政投入"千万工程"的资金近 3000 亿元，村集体、农户和社会资本投入超 5000 亿元。

专栏 3-1 安吉县数字游民赋能乡村振兴，打造未来乡村新样本

近年来，安吉县积极探索乡村振兴新模式，通过引入"数字游民"概念，成功打造了多个数字游民社区，为乡村发展注入了新的活力。

一、数字游民社区的兴起

安吉县的数字游民社区项目始于 2021 年，首个项目为 DNA 数字游民公社，该项目在溪龙乡落地。该项目由废弃竹木加工厂改造而成，建筑面积约 5000 平方米，建有共享办公区、宿舍区、会议室、厨房、洗衣房、影音室、篮球场等设施，可满足数字游民的工作和生活需求。DNA数字游民公社成功吸引了大量年轻人入驻。问卷调研显示，入住过DNA数字游民公社和余村数字游民公社（以下简称"DN余村"）的数字游民中，63%的人为90后，本科学历占比59%，硕士研究生及以上学历占比30%，从事媒体、信息技术、设计等行业的自由职业者和创业者居多。

二、余村数字游民公社的实践

2023年，安吉县在余村启动了DN余村项目。该项目室内建筑面积超过7000平方米，公共空间面积超4000平方米，设有公共办公区、聊天休息区、读书角、住宿区、健身区、KTV娱乐区等多个功能区。DN余村的入住规则要求至少入住7天，以保护社区生活属性。目前，DN余村已吸引了大量数字游民入驻，成为承载人生故事和见证创客成长的空间。

三、数字游民社区的运营与管理

安吉县的数字游民社区项目由专业团队运营，如DNA数字游民公社和DN余村由许嵩和阿德团队负责。这些社区不仅提供工作和生活所需的基础设施，还通过组织各类活动，如分享会、创业计划等，增强社区的凝聚力和吸引力。此外，社区还为数字游民提供经费支持，鼓励他们创新。

二、模式路径

通过上述分析，可以看出浙江省山区在生态产品价值转化方面已经探索出了一系列行之有效的路径，通过充分利用山区的自然禀赋和生态优势，结合政府引导、市场运作和社会参与等多元机制，浙江省山区实现了生态资源资产的有效盘活和产业生态的积极拓展。具体而言，形成了盘活生态资产、培育产业生态、塑造生态品牌、强化利益联结等路径。盘活生态资产是培育产业生态、塑造生态品牌的基础，而强化利益联结则是确保这些过程可持续、各方共赢的关键，它们共同构成了生态共富的山区模式（见图 3-1）。

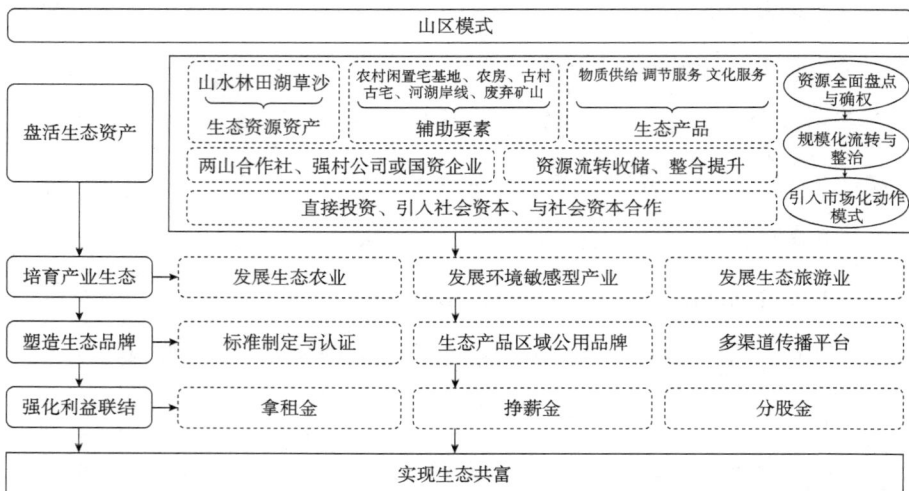

图3-1　生态共富的山区模式

资料来源：笔者绘制。

（一）盘活生态资产，赋能绿色发展

生态资产盘活面临三个核心问题，即资源底数不清导致的开发盲目性、碎片化资源难以整合以及生态价值难以有效实现。要想破解上述难题，可从资源全面盘点与确权、规模化流转与整治、引入市场化运作模式这三个方面入手。这三者实质上形成了"摸底—整合—增值"的闭环，既解决了生态资源资产化过程中的基础性难题，又为生态产品价值实现提供了高效路径，为绿色发展筑牢根基，注入强大动力。

一是资源全面盘点与确权。资源包括生态资源资产和生态产品，具体指需要集中保护开发的山水林田湖草沙等生态资源资产，与这些生态资源资产共生且适合集中经营开发的农村闲置宅基地、农房、古村古宅、河湖岸线、废弃矿山等碎片化资源资产，以及由《生态产品总值核算规范（试行）》明确的物质供给、调节服务和文化服务三类生态产品。对区域内所有生态资源资产和生态产品进行全面、系统的盘点，建立统一的资源信息库，推进自然资源统一确权登记，健全农村土地承包经营权确权登记颁证制度，以上措施为后续开发奠定了坚实的数据基础。

二是规模化流转与整治。通过两山合作社、强村公司或国资企业承接相关职能，牵头开展资源流转收储工作，并对收储资源进行系统开发、整合提升。例如，将碎片化的土地整合成连片的高品质农业基地或其他用途用地，提高土地质量和吸引力。

三是引入市场化运作模式。通过直接投资、引入社会资本、与社会资本合作等方式实现资源的有效配置与价值最大化，同时减少企业与农户之间的沟通成本，加快项目落地速度。例如，江山市依托两山合作社，通过标准化定价、规模化收储、专业化整合等手段，集成创新，打通生产要素流动不畅的堵点，探索闲置夯土房资源价值转化途径。

（二）培育产业生态，开发自然禀赋

在探索生态资源转化与经济发展路径的过程中，如何实现生态价值与经济价值的有机统一，一直是亟待破解的关键问题。当下，许多地区在实践中给出了自己的答案，而发展生态农业、环境敏感型产业和生态旅游业无疑是其中的亮点。从产业结构来看，这三个产业分别对应着第一、第二、第三产业的不同门类，为生态资源的多元化开发和价值转化提供了全面的解决方案。

一是发展生态农业。作为第一产业的重要组成部分，生态农业依托不同地区独特的自然禀赋，采取人放天养、自繁自养等原生态种养方式，以提高生态产品价值。浙江省青田县"稻鱼共生"系统是中国首个全球重要农业文化遗产，为了更好地发挥青田县"稻鱼共生"系统的作用，青田县从原态保护、活态利用、业态融合三方面入手，通过"生态 +""品牌 +""互联网 +"机制推动生态价值转化，提升稻米价格，带动农民致富。

二是发展环境敏感型产业。作为第二产业的新兴领域，环境敏感型产业科学运用先进技术实施精深加工，拓展延伸生态产品产业链和价值链。依托洁净水源、清洁空气、适宜气候等自然本底条件，适度发展数字经济、洁净医药、电子元器件等环境敏感型产业，推动生态优势转化为产业优势。例如，浙江省龙泉市依托优质生态资源吸引浙江国镜药业有限公司来当地投资、生产，发展环境敏感型产业。该企业已成为浙江省健康医药产业标杆企业。

三是发展生态旅游业。作为第三产业的活力代表，生态旅游业依托优美自然风光、历史文化遗存，引进专业设计、运营团队，在最大限度减少人为扰动的前提下，打造旅游与康养休闲融合发展的生态旅游模式。例如，浙江省松阳县以"拯救老屋行动"为切入点，立足老屋周边自然生态景观、山区特色农业和历史人文资源，发展现代农业产业、乡村休闲旅游等新业态。

（三）塑造生态品牌，拓宽市场渠道

在探索生态产品价值实现的过程中，如何将生态优势转化为经济优势，同时确保生态产品的品质与市场竞争力，是当前亟待解决的关键问题。面对生态产品市场鱼龙混杂、品牌辨识度低、消费者信任度不足等困境，一些地区已经率先探索出了一条以标准制定、品牌打造和多渠道传播为核心的创新路径，成功实现了生态产品的市场溢价。

一是标准制定与认证。地方政府主导制定严格的质量标准和认证体系，确保所有上市商品均符合环保要求，以维护品牌形象并提升消费者信任度。例如，浙江省丽水市探索生态产品分级分类认证体系，建立认证标准和追溯机制，为开发高品质生态产品、实现产品增值溢价创造条件。目前，丽水市已推出丽水荒野茶、龙泉灵芝等多款高品质生态产品，获得市场高度认可，产品均价是同类普通产品的 10 倍以上。

二是打造生态产品区域公用品牌。挖掘本地生态资源特色与文化内涵，对其进行设计与规划，整合各方资源，培育具有地域代表性的品牌，提升生态产品辨识度与市场竞争力，实现生态产品品牌化发展。例如，浙江省丽水市于 2014 年率先推出全国首个覆盖全区域、全品类、全产业链的地市级区域公用品牌"丽水山耕"，并建立严苛的产品认证和溯源体系。借力电商直播，缙云麻鸭、青田稻鱼米等"丽水山耕"农产品畅销长三角，多次位列"中国区域农业形象品牌影响力指数 TOP100"榜单前列，近三年销售额突破 160 亿元。

三是构建多渠道传播平台。充分利用现代信息技术，搭建线上线下相结合的品牌传播平台，让更多人了解并信任来自特定地区的优质产品。例如，浙江省"两山云交易"平台主要服务于农户、新型农业经营主体、村集体经济组织、企业、乡镇和地方两山合作社等多方主体，对闲置、低效、分散的生态资源资产进行流转、整合、开发、经营、管理，促进供需精准对接。

（四）强化利益联结，筑就共富之路

在生态产品价值实现与乡村振兴的协同推进过程中，如何让农民真正成为生态红利的受益者，是亟待解决的关键问题。当前，一些地区通过创新利益联结机制，探索出"拿租金、挣薪金、分股金"的多元收益模式，不仅为人民增收和生态保护提供了新思路，更为实现共同富裕奠定了坚实的基础。

一是拿租金，强化利益联结。遵循"资源从农民手中来、效益回到农民手中去"的原则，安吉县等地通过建立"两入股三收益"机制，让农民以乡村资源、资产入股，从而在产业链条中获取收益。衢州等地通过储蓄分红等形式，确保农民能通过资源获得经济回报。

二是挣薪金，创造就业岗位与技能提升机会。推动承包经营向职业经营转变，组织当地劳动力组建专业队伍并助其就近参与生产经营。这不仅为农民提供了稳定的就业岗位，增加了农民的收入来源，还通过技能培训帮助他们实现职业发展和收入增长。

三是分股金，金融支撑与风险分担助力收益分红。建立健全金融机构与经营主体之间的联结机制，提供多样化的金融产品和服务。例如，安吉县的绿色金融产品可帮助企业解决资金问题。同时，联合担保、保险等机构完善风险分担机制，保障农民作为股东在产业链条各节点的权益，使他们能够稳定分享发展成果和改革红利。

三、典型案例

（一）常山以"双柚"产业探索乡村振兴共富新路径

常山县位于浙江省西南部、钱塘江源头区域，县域生态环境优良。特色农业产业"两柚一茶"（胡柚、香柚、油茶）2023 年总产值达 60 亿元。浙江柚香谷控股股份有限公司（以下简称"柚香谷公司"）经数年发展，已成为常山县域内胡柚、香柚加工类龙头企业。该企业研发的胡柚酵素、宋柚汁等产品得到了市场的高度认可，经过多年深耕积累了丰富的市场渠道。由于企业前期在产品研发和基地建设上投入了大量资金，因此在后续加快发展、扩大产能时遇到了瓶颈。为推进双柚产业高质量发展，进一步扶持农业龙头企业做大做强，两山合作社对种植、生产、流通等多个环节进行扶持，以提升常山双柚产业的市场竞争力。

1. 资源整合：破解土地要素瓶颈，构建规模化种植体系

常山县以土地制度改革为突破口，重塑双柚产业空间布局，破解"小散弱"难题。

一是全域整治盘活闲置资源。针对天马街道天安村荒山、辉埠片区的零散农地，两山合作社创新打造"整片收储、集中整治、定向供给"模式，通过土地平整、水利配套、土壤改良等工程，将碎片化土地整合为万亩连片标准化种植基地。此举将企业用地协商周期从 9 个月缩短至 3 个月，土地租金成本下降 30%，带动全县 6 个乡镇 28 个村形成"核心基地＋辐射片区"的产业格局。

二是跨省协作延伸产业链条。为解决本地土地资源有限的问题，两山合作社联合柚香谷公司成立 3 家合资公司，投资 1 亿元建设省外种植基地。

输出"常山标准"种植技术，在四川省眉山市建立 5000 亩香柚示范园、在广西壮族自治区南宁市打造 3000 亩育苗基地，实现"本地育优种、异地扩规模"的协同发展。

2. 金融赋能：打通产业资金脉络，激活发展内生动力

构建"政银企"协同的金融服务生态，破解农业企业"融资难、融资贵"困局。

一是创新资产盘活模式。针对柚香谷公司固定资产占比过高导致的流动资金短缺问题，两山合作社以 4000 万元的价格收购其 7309 亩种植基地，并以"售后返租"的形式支持企业持续经营。企业利用资金新建宋柚汁生产线，产能提升 6 倍，2024 年上半年订单已突破 3 亿元，产值同比增长 35%。

二是定制专属金融产品。联合农村商业银行推出"胡柚产业链贷"，允许企业以订单、仓单质押融资，授信额度达 2.3 亿元。联合保险机构推出"低温气象指数保险"，当气温连续 3 天低于 −3℃时自动触发赔付，2024 年初的寒潮灾害中保险机构共向农户赔付 320 万元。建立风险补偿基金池，对不良贷款实行"政府担 30%、银行担 50%、保险担 20%"的分险机制，将企业综合融资成本控制在 5% 以内。

三是构建信用赋能体系。建立农业主体信用档案库，对 1580 家合作社、家庭农场进行星级评定，三星级以上主体可享受"免抵押、利率优惠"贷款。截至 2023 年底，累计获得授信 8.38 亿元。柚香谷公司获评"5A 级信用企业"，获批 5000 万元低息贷款用于建设中国合格评定国家认可委员会（CNAS）认证实验室。

3. 流通保障：建设智慧供应链，打通产业"最后一公里"

打造"种植—加工—消费"无缝衔接的现代化产业流通体系，提升产

品溢价。

一是建设智能冷链仓储中枢。投资 2100 万元建成 2.5 万立方米的冷链仓储中心，配备 −25℃ 速冻库和 4℃ 恒温库，采用二氧化碳复叠式制冷技术后能耗降低 40%。鲜果入库后可在 180 天内保持糖度、水分等指标稳定，原料损耗年减少 1500 吨，相当于增收 1200 万元。建设配套的数字化云仓系统，以实现实时监测库存、自动补货等功能，企业存货周转率提升 50%。

二是构建品质分级体系。引进法国迈夫诺达分选设备，通过近红外光谱检测实现鲜果的糖度、果径、瑕疵三维分级。优质果（糖度 ≥ 12%）直供高端饮品线，次级果用于生产酵素、果脯等衍生品，原料综合利用率从 65% 提升至 95%。宋柚汁凭借稳定的品质表现，在盒马鲜生平台实现 38% 的复购率，位居同类产品前列。

三是织密高效物流网络。开通 12 条冷链专线，配备 50 台搭载全球定位系统（GPS）和温控系统的运输车辆，实现鲜果从采摘到加工厂 4 小时直达。在杭州、上海等地建立前置仓，通过"干线冷链 + 城市冷配"模式，将产品配送时效从 48 小时压缩至 12 小时，物流成本下降 28%。2023 年"双十一"期间，宋柚汁单日发货量突破 20 万件，创下新的销售纪录。

4. 共富机制：创新利益联结机制，绘就乡村振兴新图景

建立"企业增效、集体增资、农民增收"的良性循环机制，打造共同富裕县域样板。

一是多元收益惠及农户。通过土地流转租金、基地务工薪金、合作社分红股金的"三金联动"，天安村农户增收渠道拓展至 5 类：土地流转每亩每年 800 元，套种大豆等矮秆作物每亩增收 1200 元，参与剪枝套袋等

农活日薪 150 元，合作社年度分红户均 1.2 万元，农家乐经营户年均收入超 8 万元（村委会于 2023 年统计）。全村人均可支配收入从 2019 年的 2.1 万元增长至 2023 年的 4.3 万元。

二是产教融合培育新农人。建立"合作社实训基地 + 企业技能学院"培育体系，开设病虫害防治、电商运营等 23 门课程，累计培育新型职业农民 560 人。95 后青年徐伟返乡后，通过培训成为基地技术主管，带领团队研发"香柚—大豆间作"模式，亩均收益提升 40%。

三是三产融合激活乡村经济。建成全国首个双柚主题观光工坊，开发"剥柚大赛""古法榨汁体验"等文旅项目，年接待游客 15 万人次。延伸开发香柚精油、果胶面膜等 23 款深加工产品。双柚精酿啤酒成功入驻亚运会官方特许商店，年销售额突破 8000 万元。通过"抖音直播 + 社区团购"新模式，带动周边农户发展庭院经济，户均年收入增加 2.4 万元。

（二）江山市点"土"成金 唤醒古村沉睡夯土房

为最大限度地发挥江山夯土房与周围山水自然资源的价值，2021 年 4 月，江山市依托两山合作社，通过标准化定价、规模化收储、专业化整合、市场化开拓、差异化经营、流量化变现等手段，集成创新，打通生产要素流动不畅的堵点，探索闲置夯土房资源价值转化途径。江山市两山合作社自成立以来，共建成夯土房民宿集群"标准地"项目 8 个，吸引招商项目 27 个，其中落地 10 个，盘活 3.1 万亩闲置土地、183 幢闲置夯土房资源，带动村集体和农户增收 1300 多万元。生态资源价值转化难题得到有效破解，试点改革成效初显。夯土房的"华丽转身"留住了传统古村的乡愁，保护了生态环境，同时架起一座"农民"变"股民"的桥梁，推动生态富民的实现。

1. 资源摸底，精心筛选

江山市充分发挥全国农村宅基地制度改革试点先行优势，确立以全域为范围、乡镇为单位、行政村为单元、农户为主体的四级确权登记体系。由江山市两山合作社对全市 3903 幢、总建筑面积约 39 万平方米的闲置夯土房进行摸底调查，整合形成江山市夯土房信息"一张图"和江山市夯土房确权登记信息"一个库"。初步筛选出开发利用价值较高的夯土房 506 幢，其面积约为 5.8 万平方米，主要分布在张村乡、塘源口乡、保安乡、廿八都镇、石门镇等乡镇。通过开展实地考察，详细了解周边环境及产权归属情况，进一步筛选出区位优势明显、旅游资源丰富、空间布局集中的夯土房作为收储意向房，实现对闲置夯土房资源的有效保护和集中利用。

2. 集体收储，分级定价

江山市两山合作社出台《江山市夯土房分级定价管理暂行办法》等文件，根据夯土房所处区域位置、房屋结构、周边环境等，将夯土房分为优、良、一般、差 4 个等级。在收储方面，不同乡镇采取了不同策略。例如，塘源口乡组织乡贤、村干部共同商议方法，实地走访村民听取意见，确定以每平方米 70 元至 100 元的价格，对因政策性原因要拆除的夯土房由村集体统一收储；对无人居住、结构完整的夯土房，村里按每平方米 15 元的价格（租金每年每平方米递增 1 元）进行租用，再由村集体统一打包对外出租。江山市两山合作社对石门镇小塘源的夯土房，以每平方米 15 元的标准从农户手中收储，总租期 20 年，租金每年每平方米递增 1 元。

3. 资产打包，深度开发

江山市两山合作社聚焦夯土房特色，积极推进夯土房民宿"标准地"项目建设。江山市两山合作社投入资金，对夯土房周边的配套基础设施进行全面改造升级，实现"五通三化"，即通给水、通排水、通电、通路、通信以及净化、亮化、美化。这一举措不仅保留了夯土房的原始风貌和古村的历史文化价值，让人们留住了乡愁，还美化了周边环境，使山、水、房等资源相互映衬、协同转化，有效保护了生态资源，增加了夯土房项目的吸引力。在开发模式上，采取多样化策略，包括两山合作社自建自营、招商引资建设运营、乡贤或当地村民自建自营、多方共建委托运营及众筹建设运营等。江山市依托周边丰富的旅游景区和山水生态资源，与企业等协同开发生态旅游、运动康养等项目，吸引游客"进入式消费"，这些措施进一步拓宽了生态资源向资产资本转化的路径。以石门镇小塘源的首块"夯土房标准地"示范项目为例，该项目每年可创造 500 余万元的收益，实现了多方共建、共享、共赢的良好局面。

4. 共享收益，还利于民

夯土房的开发运营极大地释放了生态红利。村民或村集体凭借生态资源储蓄单可获得租金收益，保底分红不少于每年 3 元 / 米^2。两山合作社还会根据资源经营收益情况，给予相应的溢价分红。例如，在洪福村的夯土房资源储蓄单项目中，仅租金一项，村民在 20 年的储蓄期内就能获得 10.5 万元的保底收入。村民还能将储蓄单抵押给银行获取信贷支持，已有农户凭储蓄单从江山农商银行获得了 30 万元的贷款。如果村集体或村民直接参与项目的投资、建设或运营，还可直接获取相应收益。这些项目吸引了众多村民返乡创业，实现了村民在家门口就能就业增收的愿景。当地约 70% 的村民能够从生态旅游服务产业链中直接受益，预计该产业链全年可带动当地餐饮业、采摘游、农副产品销售等收入达到 300 多万元。

民宿项目的发展带动了村集体增收，改善了村集体经济薄弱的状况。例如，2020 年 9 月开业的西坡·江山箬山精品民宿，已实现营收 615 万元，村集体增收 310 万元。此外，夯土房开发项目还完善了基础配套设施，为周边百姓的交通出行和农业生产提供了更多便利。

（三）安吉县以竹"碳"路、逐"绿"先行，推进竹林碳汇综合改革

安吉县素有"中国竹乡"之称，拥有近百万亩竹林，其中毛竹林面积达 86.3 万亩，约占全县森林面积的 50%。然而，随着经济社会转型升级，曾经靠卖竹子就能致富的安吉竹产业遭遇新困境。近年来，受竹农个体经营方式传统、竹林机械化操作难度大及劳动力成本上升等因素影响，竹产业发展受阻，产品市场持续萎缩，竹农收益逐年递减，竹林抛荒现象严重，全县荒弃毛竹林达 18 万亩。如何将竹林资源优势转化为经济优势，成为安吉亟待攻克的难题。在碳达峰碳中和的大背景下，安吉县积极开展竹林碳汇综合改革，以实现竹林碳汇生态产品价值为导向，推动竹产业振兴，增加竹农收入，探索出一条绿色低碳的共同富裕之路。

1. 加强林权流转，推动资源集聚

持续深化承包地"三权分置"制度改革，盘活沉睡资源，增强产业发展活力。

一是精准归档林权信息。明确县域内林地和林木的所有权、承包权、经营权。以行政村为单位，全面梳理和校核林权信息。对于权证未办理、遗失或变更等情况，按照不动产（林权）登记要求及时登记、补办，确保林地和林木资源信息完整准确，并进行数据归集形成数字档案。通过林权定位、人脸识别等数字化手段，完成 5.1 万户林农的林权流转信息的标准化归档。

二是全域推进林权归集。针对毛竹林面积在 1000 亩以上的 119 个行政村，组建股份制毛竹专业合作社，毛竹林经营权流转流程见图 3-2。在

不改变所有权和承包权的前提下，遵循入社自愿、退社自由原则，对竹林资源价值进行股份量化，实现经营权分置归集。截至 2023 年，完成林权流转面积 84.35 万亩。

三是创新构建经营体系。加快毛竹林规模化、集约化经营，变革林权组织方式。县两山合作社统一流转收储股份制毛竹专业合作社的竹林资源，构建"林农—毛竹专业合作社—两山合作社"三方利益联结机制，推动毛竹林从分散经营向规模化、集约化经营转变。

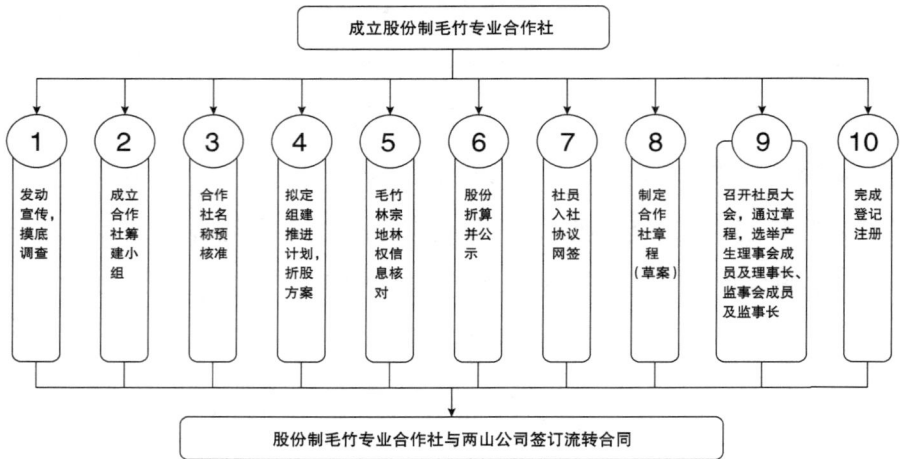

图3-2　毛竹林经营权流转流程

资料来源：安吉县发展和改革局官方网站。

2. 构建数字平台，推动碳汇交易

借助数字技术，明确碳汇基础数据，实现竹林碳汇资源数字化、信息化管理。

一是建立碳汇资源底座。依托县域生态资源底图，整合第三次全国国土调查数据、森林资源清查数据、国土空间规划数据、碳汇规划数据及碳汇基线、竹产品固碳等调查数据，全面了解全县符合要求的竹林资源和碳储量现状，形成 87 万亩全域竹林碳汇空间的资源底座。

二是构筑碳汇测算基础。通过对不同类型林分、同一林分不同时期的竹林地建立模型，科学指导竹林经营，促进碳汇形成。依据县域内 1 个碳汇通量塔和 21 个监测样地的数据，结合 2.1 万亩毛竹林经营情况，测算出试验毛竹林每亩每年平均碳汇量为 0.39 吨。

三是建立碳汇数字平台。依托县两山合作社，开发运行竹林碳汇数智应用平台，打造资源管理、资源收储、经营服务、产品追踪、效益增值、收益分配等多个应用场景，打造"一中心、三平台"（竹林碳汇收储交易中心和碳汇生产平台、碳汇收储平台、碳汇交易平台）。截至 2024 年 5 月底，安吉县累计向 24 家企业或组织出售碳汇 4.6 万吨，交易额达 383.6 万元，并向第 19 届亚运会组委会捐赠碳汇 2.1 万吨。

3. 深化金融服务，撬动市场需求

发挥金融在竹林碳汇改革中的作用，充分激发市场主体需求。

一是做好绿色金融政策支持。出台相关实施意见，为竹林碳汇交易全流程提供金融政策和产品保障。通过村集体经营、平台收储、金融让利、企业购碳、保险护航等方式，打通生态资源转化的内循环通道，激发企业购碳需求，满足项目融资需求。

二是做好绿色信贷支持。创新推出系列绿色金融产品，构建县两山合作社收储竹林碳汇并交易给碳排放企业、企业申请"碳汇惠企贷"解决资金需求的循环模式。截至 2022 年 9 月，"碳汇共富贷"累计投放 1.9 亿元，"碳汇惠企贷"累计投放 16.3 亿元，向村集体和购碳企业发放低息贷款 16.0 亿元，为两山合作社授信低利率贷款 78.1 亿元。

三是做好绿色保险支持。聚焦竹林碳汇交易后端，相关金融机构发挥风险保障和分担作用，创新推出"毛竹碳汇富余价值恢复补偿保险""竹林碳汇价格指数保险"等绿色保险产品，解决自然灾害和市场价格波动带来的损失问题，消除农户对竹林碳汇生产经营的后顾之忧。

4. 深化利益联结，实现强村富民

坚持"资源从农民手中来、效益回到农民手中去"的原则，创新建立"两入股三收益"利益联结机制，即资源与资产入股，林农拿租金、挣薪金、分股金，实现村集体持续增收。

一是完善制度机制。建立绩效考评制度，完善竹材分解点、林道、高山索道等基础配套设施，降低生产成本、拉动原竹价格，统一制定竹林碳汇经营方案，委托股份制毛竹专业合作社开展经营管理，提高亩均碳汇量。

二是突出专业培育。股份制毛竹专业合作社组织吸纳当地农户或社会劳动力，组建竹林经营专业队伍，参与竹林标准化经营，推动承包经营向职业经营转变。提供就业岗位 3600 余个，实现每年人均可挣薪金 6 万余元。

三是推动增收共富。县内国企入股股份制毛竹专业合作社，组建混合所有制公司，推动流转金变成共富股本金投向共富产业园、共富公寓等可增值、有收益的经营性项目。生态收益实现大幅度提升，仅股金、租金就可实现每户每年平均增收 8000 余元。

第四章　生态共富的海岛模式研究

海域海岛及沿海城市作为陆海联动发展的战略支点，长期面临资源开发与生态保护的结构性矛盾。这类区域虽坐拥丰富的海洋资源、独特的自然景观和优越的地理区位，却普遍陷入"三产失衡"困境：传统渔业附加值低下、生态资源转化路径单一、文旅产业同质化竞争严重。以浙江省舟山群岛为代表的实践探索表明，海岛发展亟待突破"靠海吃海"的粗放模式，需要通过生态价值转化、产业深度重构、制度创新突破三大路径，将海洋资源优势转化为共富发展胜势。新的发展模式以生态产品价值实现机制为核心引擎，推动"碧海银滩"向"金山银山"转化。

一、海岛特点

海岛模式的构建需立足于对海岛区域特点的深入分析。分析重点涉及生态、基础设施、共同富裕、人口结构和文化五个维度，各维度之间相互依存、相互贯通，且在特定条件下相互转化，共同构成海岛发展的独特格局。

（一）生态优势与脆弱性并存

一是海域海岛生态保护取得显著成效。舟山市在全国 168 个重点城市空气质量排名中稳居前列，甚至近年来多次排名全国前三。2023 年舟山市近岸海域水质优良面积比例达到 48.9%，其中Ⅰ类水质占 32.6%，同比上升 7.6 个百分点。舟山市通过实施"蓝色海湾"整治行动，修复了 122 千米海岸线和 0.25 平方千米生态湿地。舟山市拥有两个国家级海洋特别保护区和一个省级海洋特别保护区，中街山列岛和马鞍列岛都是国家级海洋特别保护区。在具体项目方面，舟山市累计投入超 10 亿元资金用于保护修复海洋生态，并成功争取到中央财政和省级财政奖补资金。舟山市（嵊泗县）海洋生态保护修复项目成功入选 2025 年度海洋生态保护修复工程项目，获得中央资金支持 3 亿元；六横"蓝色海湾"整治行动项目入选浙江省级"蓝色海湾"整治行动项目，获省级支持资金 5000 万元。

二是海岛生态系统具有独特的地理和环境条件。海岛生态系统通常具有狭小的陆域面积、丰富的生物多样性和独立的生态系统结构。以舟山群岛为例，根据舟山市海岛普查基本数据，舟山市共有 2085 个海岛。除少数小岛零散分布外，舟山市的海岛大多以"成群""成链"的岛群形式，沿较大有居民的海岛或大陆海岸线分布。舟山群岛部分小岛的面积见图 4–1。

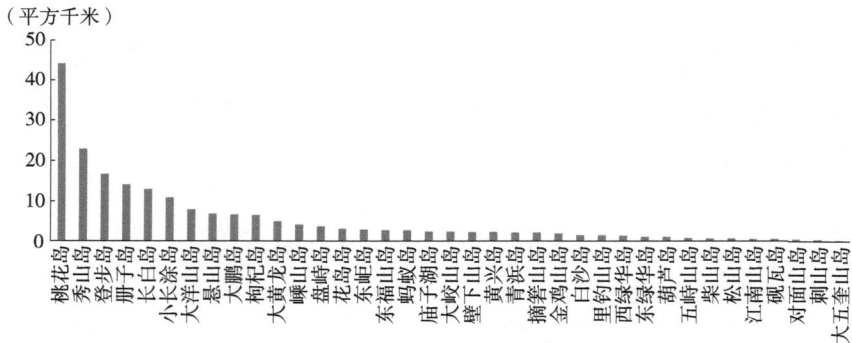

图4–1 舟山群岛部分小岛的面积

资料来源：笔者绘制。

三是海岛生态系统表现出显著的脆弱性。舟山海岛的地理位置相对孤立且土地资源有限，因此其生态系统稳定性较差，容易受到外界的干扰。例如，海岛的植被多为灌草丛，土壤贫瘠且缺乏淡水，这些因素都限制了植物群落的生长和恢复。此外，舟山的海岛还面临生物入侵的问题，互花米草、加拿大一枝黄花等外来物种可能会对本地生态系统造成威胁。

四是海岛生态系统资源承载力较弱。在舟山群岛的开发进程中，人类活动的频繁与扩张对海岛生态系统造成了显著压力。具体而言，旅游业的蓬勃发展、渔业资源的开发利用及工业活动的兴起，不仅深刻改变了海岛原有的自然景观风貌，还显著加剧了生态系统的敏感性和脆弱性。过度且不加节制的开发行为，导致植被覆盖率减小、土壤侵蚀现象加剧，以及生物多样性急剧下降。尤为值得关注的是，在旅游旺季，大量涌入的游客所遗留的生活废弃物与塑料垃圾，给海岛生态系统带来了额外的沉重负担，使其生态健康状况进一步恶化。

（二）基础设施建设成果与短板同在

舟山群岛在基础设施建设方面取得了阶段性成效，为区域经济的可持续发展奠定了坚实基础。在交通建设方面，舟山群岛成功打造了中国最长的连岛高速公路和最大的跨海桥梁群，建成大大小小的公路跨海桥梁 20 余座，宁波舟山港主通道项目全线建成通车，极大地提升了区域交通的便捷性。此外，甬舟铁路的施工也在紧张进行中。在通信建设方面，截至 2023 年 9 月底，舟山累计建设 5G 基站 4889 个，已实现城区、乡镇街道、行政村和主要景区的 5G 信号覆盖，每万人拥有 5G 基站数 41 个，处于全省领先水平。在市政环境基础设施建设方面，舟山启动了大陆引水三期工程，有效缓解了淡水资源短缺问题。同时，舟山通过 500 千伏联网输变电工程等项目，有效提升了电力输送能力。在全省，舟山率先建成无垃圾填埋城市，并保持空气质量全省领先。此外，通过实施海塘安澜工程和五山水利等重大工程，舟山市抵御自然灾害的能力大幅提升。

然而，笔者实地调研后发现，舟山群岛在基础设施建设方面仍存在一些短板。

一是交通受天气影响显著。舟山群岛的众多小岛居民的外出往来主要依赖海上交通，但海上交通的脆弱性尤为突出。在台风、大雾、强风等恶劣天气条件下，渡轮和船只往往不得不暂停运营，导致人员和物资运输中断，给居民生活带来极大困扰。

二是交通基础设施存在局限性。小岛港口设施相对简陋，缺乏足够的防波堤、码头和装卸设备，这使得船只在停靠和装卸过程中易受风浪影响，降低了交通的可靠性。同时，由于岛屿分散，交通网络的建设成本高昂，难以实现高效的互联互通。

三是基础配套设施不足。小岛的基础设施建设明显滞后，供水、供电系统不稳定，道路狭窄且路况较差，难以满足现代交通和居民生活的需求。此外，教育和医疗资源匮乏，文化和娱乐设施也极为有限，严重影响了居民的生活质量和幸福感。

究其原因，有以下两个方面。

一是源自"小岛迁，大岛建"的历史背景。部分小岛居民迁往大岛居住，导致小岛人口减少、基础设施落后。以嵊泗县为例，当地居民特别是青壮年涌入上海、杭州、宁波等周边城市，导致部分耕地撂荒、房屋空置，形成土地资源闲置的"人地分离"现象，进一步造成产业结构调整所需的技术、人才、资金匮乏，从而导致区域发展后劲不足。

二是源自海岛本身的现实条件。海岛地形复杂，地质条件多变，这对基础设施的建设和维护提出了更高的要求，增加了施工难度和成本。例如，在建设桥梁和隧道时，需要克服复杂的海洋地质环境和海流、风浪等自然因素的影响，确保工程的安全和质量。

（三）共富建设与制度创新并行

山海协作政策向海岛倾斜。一是结对帮扶。省级部门加大对舟山结对帮扶工作的支持力度，派驻省级结对帮扶联络组 10 个，农村指导员（常驻干部）10 人，推动帮扶全覆盖。二是干部人才支持。省里推动干部人才资源向海岛县倾斜，海岛县对接省部属单位，力争每年互派挂职干部人才 10 人，引进培养高层次人才不少于 2 名。三是金融支持。省财政厅加强省产业基金对"飞地"产业项目的支持。例如，基于舟山市产业基础，构建浙江省绿色石化与新材料基金（舟山），其规模达 80 亿元。

共富示范区建设不断推进。2023 年 5 月，舟山市以"小岛你好，打造生态产品价值实现升级版"为主题成功入选高质量发展建设共同富裕示范区第三批省级试点（见专栏 4-1）。舟山市以"小岛你好"海岛共富行动为抓手，积极探索海岛共同富裕的实现路径。2022 年，舟山市计划通过"一岛一品、一岛一策"的差异化发展路径，用 3 年时间打造 30 个美丽海岛，让它们成为浙江省高质量发展建设共同富裕示范区的"金名片"。截至 2024 年，舟山市已成功实施 217 个"小岛你好"海岛共富项目，累计投入资金 16.2 亿元，海岛共富行动取得了显著成效。嵊泗县争创高质量发展建设共同富裕示范区海岛样板县，"明晰扩中提低新路径 打造家庭共富监测新体系"入选浙江省高质量发展建设共同富裕示范区最佳实践名单。

专栏 4-1　舟山市"小岛你好，打造生态产品价值实现升级版"
共同富裕示范区试点

2023 年 5 月，舟山市以"小岛你好，打造生态产品价值实现升级版"为主题成功入选高质量发展建设共同富裕示范区第三批省级试点。自开展省级共富试点工作以来，舟山市找准跑道，锚定试点任务要求和预期目标，紧扣生态产品价值实现，勇于探索、先行先试，全力打造一批可看可复制可推广的标志性成果。

一是探索形成"价值核算＋机制创新"涉海地区特定地域单元生态产品价值（VEP）核算应用体系。2024 年，舟山市发布全国首个涉海地区 VEP 标准《特定地域单元生态产品价值（VEP）核算技术规范 涉海地区》，填补国内空白。普陀区以东福山岛大树湾历史文化村为试点（总投资逾 1 亿元），打造石屋精舍、渔民画体验馆等特色项目；嵊泗县以枸杞岛贻贝养殖为载体，创新海洋碳汇交易机制，推动海洋资源变资产、资产变资本，为生态产品市场化定价提供实践样本。

二是构建形成"项目平台＋生态共富"生态产品价值转化新路径。2023 年舟山市成立市级海岛"两山合作社"，通过东福山岛项目促成全市首宗农村集体经营性建设用地入市，土地收益反哺集体与农民，拓宽共富路径。嵊泗县构建智慧养殖平台，与阿里巴巴旗下的一米八海洋科技（浙江）有限公司合作升级贻贝全产业链，破解品牌溢价难题；花鸟岛以"一岛一公司一平台"的管理模式整合生态资源，收储农房 200 余套、出租闲置土地 800 平方米，村集体收入年增 3 万～5 万元，实现生态资源与文化服务协同增值。

三是探索形成"地理标志＋公共品牌"小岛你好品牌培育新机

制。舟山市目前已成功培育"舟山带鱼""舟山大黄鱼""舟山三疣梭子蟹""舟山晚稻杨梅""普陀佛茶"等代表舟山地域特色的地理标志证明商标。2024年"皋泄香柚"成功获批国家地理标志证明商标。"舟叁鲜"品牌作为舟山市的区域公共品牌，通过整合本地优质海鲜资源，打造了一系列高品质的海鲜产品，推动了区域内海洋食品的品牌化和市场化。"定海山"品牌通过推广定海区独特的山地资源和文化，提升了本地山地农产品的品质和品牌影响力，推动了定海区特色农产品的市场发展和区域经济的增长。

生态产品价值实现工作取得新进展。舟山市积极探索生态产品价值实现机制，于2024年12月23日发布全国首个涉海地区VEP核算标准。舟山市对多个项目进行VEP核算，并形成了典型案例，如东福山岛大树湾历史文化村、秀山海岛生态游乐集合地等。嵊泗县在枸杞岛构建生态导向的碳汇渔业养殖模式，并与阿里巴巴旗下的一米八海洋科技（浙江）有限公司签订贻贝全产业链升级框架合作协议，"嵊泗贻贝"地理标志集体商标使用单位获得的整体授信金额达35亿元。

（四）为应对老龄化挑战提升公共服务水平

舟山市面临着较为严峻的老龄化问题，这对社会经济发展产生了一定影响。根据2023年舟山市人口主要数据公报，2023年末，全市常住人口为117.3万人（部分小岛常住人口、户籍人口数量见图4-2），其中60岁及以上人口占比达到25.17%。这一数据反映出舟山市人口老龄化程度不断加深，老年人口比例较高。人口老龄化带来的劳动力短缺、消费结构变化、养老压力加大等问题，对舟山市的经济发展和社会保障体系提出了新的挑战。例如，劳动力市场中年轻劳动力的减少，可能导致部分产业的生产成本上升和竞争力下降。此外，虽然舟山市吸引了部分数字游民，但其规模较小，仅在个别区域形成集聚，难以对整体人口结构产生显著影响。为应对老龄化带来的挑战，舟山市积极推进公共服务一体化建设，通过加强城乡教育资源统筹、扩大城乡优质医疗服务范围、创新养老服务统筹供给等措施，使舟山公共服务水平得到显著提升。例如，在教育方面，深化名校集团化办学和跨区域"教共体"改革，实现城乡教育资源共享；在医疗方面，探索"三医"联动改革，提升基层医疗机构服务能力；在养老方面，创新居家养老服务中心综合性改革，丰富养老服务内容。

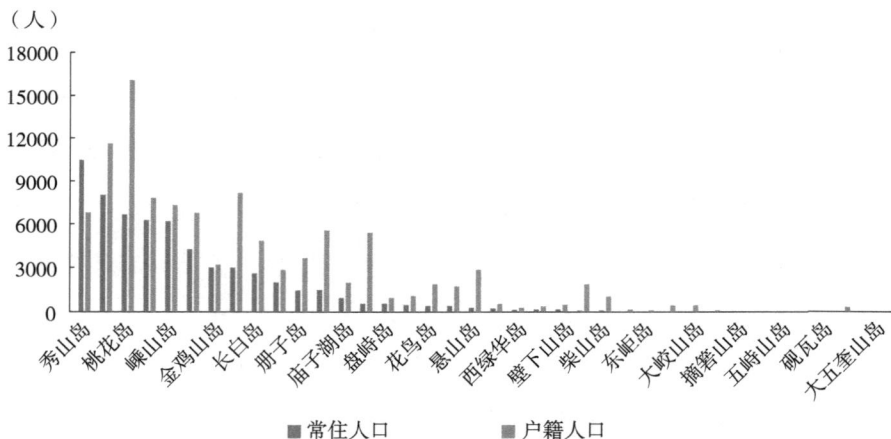

图4-2　舟山市部分小岛常住人口、户籍人口数量

资料来源：笔者绘制。

（五）文化开放与特色传承共生

开放性是舟山海洋文化的显著特征。地处海上丝绸之路的关键节点，舟山市自古以来便是中外文化交流的桥梁与纽带。自唐宋以来，舟山市凭

借其得天独厚的地理位置，成为海上贸易的重要枢纽，与东南亚、南亚乃至欧洲等地保持着频繁的经济与文化往来。多种宗教在此和谐共存，共同塑造了舟山海洋文化兼容并蓄、博采众长的独特气质。时至今日，舟山市仍保留着众多宗教遗迹。例如，普陀山的佛教圣地，它不仅吸引了海内外信徒前来朝拜，也成为展现舟山海洋文化开放性的重要窗口。

舟山海洋文化的多样性体现在其丰富多彩的民俗、艺术和生产生活方式之中。渔歌渔谣、舟山锣鼓、贝雕艺术等，都是舟山海洋文化多样性的生动体现。渔歌渔谣以其独特的旋律和歌词，反映了舟山渔民的生产生活与情感世界；舟山锣鼓以其激昂的节奏和独特的演奏技巧，展现了舟山人民的豪迈与热情；贝雕艺术以其精美的工艺和丰富的题材，诠释了舟山海洋文化的独特魅力。

舟山群岛的多个岛屿都孕育出了独特的文化标识。普陀山的佛教文化，以其庄严神圣的佛教氛围和深厚的文化底蕴，成为舟山海洋文化中的一颗璀璨明珠；岱山的徐福文化，以其神秘的历史传说和丰富的文化遗迹，吸引了众多游客前来探寻；嵊泗的渔歌文化，以其独特的表现形式和鲜明的海洋风情，成为舟山海洋文化中一道亮丽的风景线；定海的儒家文化，以其深厚的历史底蕴和独特的文化传承，吸引了众多学者与游客前来研究与体验。

二、模式路径

海岛生态共富遵循"生态化修复—综合化建设—特色化开发—共富化发展"路径，以生态化修复为基础，夯实生态根基；以综合化建设为支撑，提升承载能力；以特色化开发为抓手，激发内生动力；以共富化发展为目标，推动协同共进。生态共富的海岛模式见图4-3。

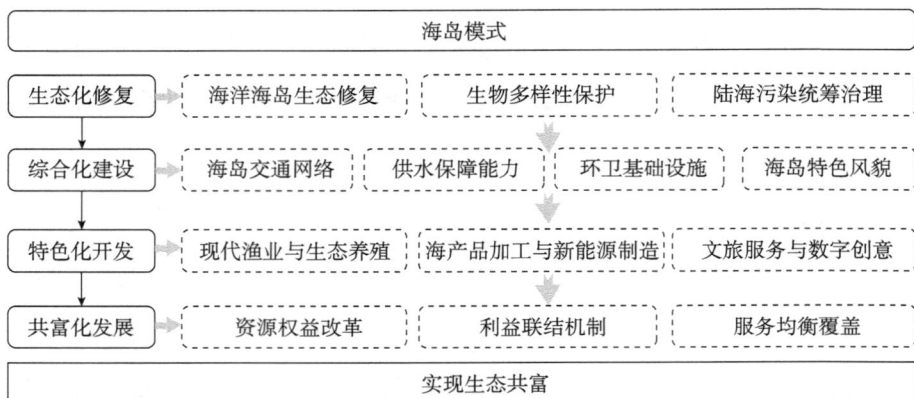

```
┌─────────────────────────────────────────────────────────────────────┐
│                            海岛模式                                    │
└─────────────────────────────────────────────────────────────────────┘

┌──────────┐   ┌──────────────┐  ┌──────────────┐   ┌──────────────┐
│ 生态化修复 │→ │ 海洋海岛生态修复 │  │  生物多样性保护  │   │ 陆海污染统筹治理 │
└──────────┘   └──────────────┘  └──────────────┘   └──────────────┘

┌──────────┐   ┌──────────┐ ┌──────────┐ ┌──────────┐ ┌──────────┐
│ 综合化建设 │→ │ 海岛交通网络 │ │ 供水保障能力 │ │ 环卫基础设施 │ │ 海岛特色风貌 │
└──────────┘   └──────────┘ └──────────┘ └──────────┘ └──────────┘

┌──────────┐   ┌──────────────┐ ┌────────────────┐ ┌──────────────┐
│ 特色化开发 │→ │ 现代渔业与生态养殖 │ │ 海产品加工与新能源制造 │ │ 文旅服务与数字创意 │
└──────────┘   └──────────────┘ └────────────────┘ └──────────────┘

┌──────────┐   ┌──────────┐   ┌──────────────┐   ┌──────────────┐
│ 共富化发展 │→ │ 资源权益改革 │   │  利益联结机制   │   │  服务均衡覆盖  │
└──────────┘   └──────────┘   └──────────────┘   └──────────────┘

┌─────────────────────────────────────────────────────────────────────┐
│                          实现生态共富                                  │
└─────────────────────────────────────────────────────────────────────┘
```

图4-3　生态共富的海岛模式

资料来源：笔者绘制。

（一）生态化修复，夯实海岛生态根基

围绕海洋海岛生态修复、生物多样性保护与陆海污染统筹治理三大方向，着力破解海岛生态系统面临的核心矛盾：过度开发导致的海洋生态退化、生物链失衡及陆海污染影响。构建"修复—保护—治理"的生态修复模式，该模式既能有效修复历史遗留生态问题，又能构建长效防护体系，为海岛可持续发展筑牢根基。

一是推进海洋海岛生态修复。整治养殖海域，通过投放人工鱼礁、实施增殖放流、建设人工藻场等方式修复海洋生态系统。开展海岸线整治修复工程和蓝色海湾整治行动，通过海岸沙滩修复与养护、侵蚀海岸防护、生态海堤建设等措施，逐步修复受损岸线，提升海岸生态功能和防灾减灾功能。开展滨海生态廊道建设，提升海岸线景观效果和文化价值。深入推进湿地生态保护和生态修复，开展重要滨海湿地保护区（湿地公园）建设，建立健全科研监测体系和宣教体系，推进滨海湿地资源的恢复与重建。着力提升海岛森林质量，主要措施包括：增加森林生态系统多样性；建设彩色健康森林，培育珍贵彩叶树种；开展矿山生态修复工程，提高森林生态系统的稳定性和景观效果。

二是加强生物多样性保护。开展生物物种资源调查，合理划定种质资源保护区域，建立生物多样性、生物物种资源信息共享平台。重点开展海洋生物"三场一通道"等重要栖息地的生物多样性调查。实施生物资源养护与栖息地修复工程，重点修复典型物种产卵场和索饵场。开展外来物种如互花米草、加拿大一枝黄花等灾害物种的宣传，让公众认识到外来物种带来的危害，采取绿色生态化措施降低外来物种对本地生态环境的影响。

三是开展陆海污染统筹治理。着重提升空气质量，加强大气多污染物协同治理和区域联防联控，深入实施氮氧化物（NO_x）与挥发性有机物（VOCs）协同减排，实现 $PM_{2.5}$ 和臭氧"双控双减"。落实船舶排放控制区管理政策，加强油品质量监管，控制船舶废气污染，主要港口和排放控制区内靠港船舶率先使用岸电。深化"五水共治"碧水行动，加强农家乐、渔家乐、民宿等经营主体的污水治理，推进农村污水处理设施提标改造。坚持陆海统筹治理模式，推进"湾（滩）长制"全覆盖。利用人工、无人机、无人船等手段分类核查入海排污口，制订"一口一策"整改方案，建立管理规范、运行有序、监督完善的入海排污口监管体系。

（二）综合化建设，提升海岛承载能力

海岛的综合化建设，关键在于交通、供水、环卫和特色风貌这几大核心要素。在"孤岛效应"下，交通闭塞会限制资源流动与对外交流，进而制约经济发展；淡水资源匮乏，既影响居民用水又会导致生态愈发脆弱；

环卫滞后会严重影响人居环境与生活品质；特色风貌缺乏规划打造，难显地域魅力，导致海岛在旅游市场缺乏吸引力。基于此，应该积极推进海岛交通网络的优化升级、供水保障能力的强化提升、环卫基础设施的完善健全，以及特色风貌的精心塑造。这一系列举措将有力打破"进不来、留不下、待不住"的僵局，全面重构海岛的承载力架构，为海岛实现可持续发展筑牢根基，增强其发展韧性与竞争力。

一是优化海岛交通网络。通过推进"蓝色岛链"工程，构建车行、船行（车渡）、航空等多元、立体、高效的岛际交通网。打造"海岛快巴"通用航空航线，谋划布局水上机场。适时开发环岛低空游线，该游线兼顾医疗应急救援、自然灾害隐患点排查等功能。优化客货码头设施布局，根据海岛人口、产业现状及未来规划，实现住人岛屿陆岛交通码头全覆盖。推进海岛客货运码头、码头候乘设施和环境提质升级，打造特色码头门户。推进海岛路网提升改造，建设一批集骑行绿道、景观驿站、人文古镇、环岛旅行等于一体的具有浓郁海岛特色的美丽海岛精品公路。

二是加强供水保障能力。开展海岛供水情况调查，对海岛的水源、水质、供水设施及后续用水需求进行排查，摸清水质水量达标情况和供水设施建设管护情况。提高水资源保障能力，充分利用已建的水库、山塘等现有条件，加强区域水资源保障能力建设，着力形成海岛供水多源互济的保障格局。根据居民和产业用水需求，积极挖掘岛内可利用淡水资源，实施水库和山塘扩建、蓄水池建设等水源性工程，提高水资源利用率。系统规划海水淡化工程，在岛内水资源供给量无法满足用水需求时，通过新增海水淡化处理设备来补充当地用水，提高供水保障能力。开展供水联网工程和"岛内联网、撤点并网"工程。按照"能连则连、能并则并"的建设原则，大力实施管网延伸和并网工程，推进"岛际联网、外水引入"工程。

对各海岛供水管网中建成年限久、管网漏损率高、水管锈蚀程度重的部分进行更新改造，提高管网使用效率、延长管网寿命。

三是完善环卫基础设施。完善垃圾分类收集处理规定，建立"一张网格管到底、一把尺子量到底、一把扫帚扫到底、一把剪子剪到底"的环境整治长效机制，推进海岛村庄生活垃圾减量化、资源化和无害化分类处理。依托智能化大数据垃圾管理系统平台、智能垃圾收集设备、移动端 App 社群等，全面改进海岛垃圾分类模式，构建具有海岛特色的智能化生活垃圾分类收集和处理系统。推进餐厨垃圾、建筑垃圾就地处理设施建设。完善污水收集处理体系。充分结合海岛的地质地形条件、居民区分布状况以及远期建设规划，科学规划污水管网布局。对于不适合铺设污水管网的区域，采用小型分散污水处理设施进行处理，提高污水的循环利用效率，实现水资源的有效节约与合理利用。推进海岛卫生厕所品质提升。从设施设备、外观设计、日常管理维护、长效保洁机制及无障碍环境建设等软硬件方面入手，对海岛公厕进行规范化升级改造。积极开展卫生厕所改建活动，紧密结合海岛特色与乡土风情，大力推广应用环保新技术和智能设备，确保渔农村厕所的外观造型、色彩搭配等与村庄整体环境、周边自然景色相融合，提升海岛的整体美观度与舒适度。

四是提升海岛特色风貌。突出海岛风貌特点、海派文化特色与海洋时代特征，保留如民居风貌、渔业景观、乡土文化等原生特色。以"绣花"功夫精雕细琢入岛门户、风情街道、海湾岸线、特色地标等关键节点，打造包含未来乡村、美丽公路、特色渔港等元素的海上花园，打造可复制的海岛样板。建设独具海岛特色的码头门户、风情街道、酒店民宿、打卡景点等。码头门户注重体现海岛特色与现代交通功能的融合；风情街道强调地域文化与商业氛围的营造；酒店民宿突出个性化服务与海岛特色体验；

打卡景点则结合自然与人文资源，打造具有吸引力的标志性景观。这些项目的实施，成功塑造了海岛独特的"封面形象"，提升了海岛的整体吸引力与竞争力。

（三）特色化开发，激发海岛发展活力

一是升级现代渔业与生态养殖。聚焦绿色捕捞与智慧养殖，夯实渔业生产基础。推动渔业绿色转型。优化海洋捕捞方式，推进渔船、渔机、渔具智能化改造，推广生态友好型捕捞技术。发展深远海养殖，建设现代化海洋牧场，加强大黄鱼、贻贝等高附加值品种的智慧化养殖管理。推广"陆海接力"循环养殖模式，集成物联网监测、自动投喂等技术，减少养殖污染。划定近海生态养殖区，严格管控养殖密度，提高海域资源承载力。建设水产种质资源库，开展本土物种保育与良种繁育。实施增殖放流工程，养护近海渔业资源，维护捕捞与生态平衡。

二是深化海产品加工与新能源制造。以精深加工与品牌化为核心，提升产业附加值。发展特色加工集群。建设海产品精深加工园区，开发即食食品、生物制剂等高价值产品；推广低温锁鲜、超高压灭菌等技术，完善冷链物流配套，延长产品货架期。打造区域公用品牌。建立"产地认证＋质量溯源"体系，统一包装设计与品牌标识；扶持小微加工企业标准化生产，推动鱼鲞、虾皮等传统制品向精品化、高端化方向升级。推动跨界制造融合。开发海洋生物医药、功能食品等新兴领域；鼓励渔业装备制造企业研发智能化养殖工船、深海网箱等设备，拓展装备制造业市场。开发海上风电、光伏等清洁能源，建设漂浮式风电与海洋牧场协同开发示范区；推广"渔光互补"模式，在养殖海域上架设光伏板，实现发电与生态养殖双赢。扶持本土企业参与风机叶片、储能设备等产业链关键环节的制造。

　　三是激活文旅服务与数字创意。以"生态＋文化＋科技"模式驱动服务业创新。培育生态文旅新场景。开发沉浸式实景演艺、数字导览等产品；建设海上运动基地，大力发展帆船、海钓（见专栏4-2）等高端赛事，打造"海洋运动之都"品牌。构建文创产业生态体系。推动渔文化元素与设计、影视、数字艺术等跨界融合，开发非遗手作、数字藏品等衍生品；建设虚拟展馆与线上IP库，运用虚拟现实／增强现实（VR/AR）技术升级文化体验场景。完善全域服务体系。推动渔家乐、民宿等业态规范化升级，制定服务标准与星级评定规则；搭建智慧旅游平台，整合交通、住宿、票务等资源，提供"一码畅游"便捷服务。

专栏4-2　嵊泗县加快发展海钓产业

　　海钓是海洋高端产业之一，属于资源节约型、环境友好型的作业方式，具有经济收益高、生态影响小等优势，被认为是与高尔夫、马术、网球齐名的贵族运动。在欧美等发达国家和地区，海钓已有上百年的发展史，形成了较大的产业规模和成熟的赛事体系。2022年，浙江省人民政府办公厅印发了《支持嵊泗县深化走海岛县高质量发展共同富裕特色之路实施方案》，该方案明确指出要支持发展海钓产业，提出建设嵊山国际海钓基地，打响"嵊泗海钓"品牌。

　　一是健全制度与机制体系。嵊泗县制定实施《嵊泗县海钓产业发展规划（2021—2035年）》《嵊泗县渔港经济区建设规划（2021—2027年）（修订版）》等文件，明确了海钓产业的发展思路、重点领域、主要任务等。出台《嵊泗休闲海钓船标准规范（试行）》《嵊泗县休闲海钓船管理暂行办法》《加快推进海钓业高质量发展的若干指导意见》《嵊泗县海钓规范化管理指导意见（试行）》等制度文件，明确16.5米海钓船的设计及建造标准的参照依据、船艇建造技术参数、安全设备配备等规范，确定海钓船审批、检验、登记流程及后续监管体系，并对海钓经营管理、船舶船员管理等作出详细规定，初步形成以服务为导向、可操作性强的海钓产业制度体系。

二是发挥财政的支撑作用。嵊泗县充分发挥财政的基础性和保障性作用，重点支持海钓资源保护和基础设施建设，有力推动海钓产业高质量发展。在资源保护方面，嵊泗县建立了马鞍列岛海洋特别保护区，实施全面封礁管理，全面取缔"潜捕"等对资源杀伤力大的作业方式。截至 2023 年 7 月，累计投入财政资金 5618 万元用于建设人工鱼礁，投放人工鱼礁 16.5 万空方。在基础配套方面，嵊泗县加快推进嵊山国际海钓基地项目建设，实施嵊山海钓展示厅建设工程、嵊山海钓码头新建工程、嵊山海钓集散中心项目等，总投资达到 4450 万元，其中省财政厅绿色转化财政专项激励支持 2200 万元，用于加快完善海钓产业发展配套的基础设施。

三是打造"嵊泗海钓"的产业品牌。嵊泗县统筹相关设施、资源，构建与赛事、文化、体验、度假等产业深度结合的大海钓全产业链，目前已形成由国有海投企业、龙头企业、海钓协会及俱乐部构成的海钓产业"生态圈"。海钓船约有 100 艘，成功举办全国海钓精英赛、省海洋运动会海钓大赛等，吸引众多海钓团队及游客参与。嵊山国际海钓基地知名度迅速提升，成为广受钓客赞誉的"海钓胜地"。

（四）共富化发展，共筑海岛富强之路

以特色产业为依托，通过创新机制实现做大"蛋糕"与分好"蛋糕"并举，兼顾效率与公平。以优化资源配置和利益分配为核心，推广海域三

权分置、多元收入模式等改革，激发居民参与产业发展的内生动力，构建可持续的共富生态新格局。

一是深化资源权益改革。推广海域三权分置模式，确保所有权归国有平台、经营权赋权村集体、承包权确权到户。探索"租金 + 薪金 + 股金"多元分配路径，鼓励居民以土地、资金入股产业项目，按交易额二次分红。试点资源收益证券化，将旅游收益打包以发行不动产投资信托基金（REITs），吸引社会资本参与。

二是构建利益联结机制。成立渔业合作社与旅游开发联盟，建立"企业 + 村集体 + 农户"联营模式。制定客源分流与收益分成规则，通过民宿评级、渔获保底收购等方式保障居民收益。设立共富基金，建立反哺机制，支持弱势群体技能培训与创业孵化。

三是推进服务均衡覆盖。布局 5G 远程医疗系统，实现三甲医院专家跨岛问诊。搭建"名师云课堂"平台共享优质教育资源，推动教师轮岗与数字教学资源全覆盖。加密高速客轮航线，升级码头无障碍设施，构建"岛际一小时生活圈"。实施人才回引计划，对返乡创业者给予住房补贴与税收减免等优惠。

三、典型案例

（一）花鸟岛：打造爱情文化艺术岛

花鸟岛位于浙江省舟山市嵊泗列岛的北部，是一座形似展翅海鸥的美丽小岛，因花草丛生、林壑秀美而得名，又因终年云雾缭绕，也被称为"雾岛"。岛上最著名的景观是远东第一大灯塔——花鸟灯塔，它始建于 1870 年，是全国重点文物保护单位，如今已成为游客打卡的热门景点。

花鸟岛以蓝白相间的建筑风格闻名，被誉为"东方圣托里尼"，岛上的佛手石（五指石）和神秘的荧光海景观更是吸引了众多游客前来观赏。近年来，通过引入艺术创作和渔文化元素，花鸟岛不仅保留了自然之美，还增添了浓厚的艺术氛围，成为人们心目中的"诗与远方"。花鸟乡以岛建乡，由花鸟岛及其周围的 11 个岛屿组成。近年来，花鸟乡结合现代化美丽城镇创建计划，通过"岛屿花乡"的山海意境和"爱情艺术"的核心主题，迭代营造健康生态的离岛慢生活标杆，深入打造全民友好的海上爱情主题岛。

1. 生态化修复：守护海岛生态底色

花鸟岛以"人与自然和谐共生"为核心理念，构建全域生态保护体系，系统性推进生态修复与可持续发展。

一是实施全域景观提升。实施"花海彩林"行动，完成中心街绿化改造并打造四季彩色景观带。邀请专家指导种植，使三角梅等耐盐碱植物成活率达 90% 以上。改造"变废为宝墙""花鸟记忆回廊"等特色景观，使海岛风貌得到显著改善。

二是创新资源循环模式。创新实施全国首个海岛垃圾分类"绿色账户"制度，通过积分兑换提高村民参与度，建成垃圾焚烧厂以彻底解决垃圾处理难题。针对贻贝养殖污染，推广用环保浮球替代传统泡沫浮球，每年减少 210 吨白色污染，形成特色生态养殖模式。

三是推广低碳生活实践。采取定制旅游模式，将每日游客限制在 600人以内，并通过"民宿联盟"组织净滩等环保活动。严格管控机动车数量，将其日入岛量限制在 30 辆以下。推广节能设施和环保建材的使用，构建起全民参与的低碳生活体系，实现旅游发展与生态保护的双赢。

2. 综合化建设：完善基础设施与浪漫游线

花鸟岛以"爱情艺术岛"为空间叙事主线，打造全岛沉浸式文旅体验系统。

一是建设核心功能地标。花鸟岛依托百年灯塔的"百年好合"寓意，打造浙江省首批户外结婚登记颁证基地，并围绕灯塔建设"花栖鸟颁证基地""婚登广场"等浪漫地标。同时，将废弃渔船码头改造为"海上会客厅"，将老旧民居升级为情侣主题民宿，形成兼具艺术性与功能性的特色空间。

二是贯通主题游览动线。花鸟岛将 5.2 千米的玛塔线改造为"爱情步道"，串联十二星殿口袋公园、屋顶花园等网红打卡点，形成一条兼具自然风光与人文故事的浪漫游览线路。此外，通过优化地名信息服务、设置数字门牌和导航系统等措施，帮助游客精准定位"姻缘打卡点"，提升游览体验。

三是加强文化场景融合。花鸟岛引入青年艺术家驻岛计划，打造"时间的褶皱"誓言装置、"纸短情长证婚广场"等艺术景观，并举办"'520'集体婚礼""七夕汉服游园会"等主题活动，深化爱情文化与海岛旅游的融合。同时，依托侨界资源发展婚庆产业链，提供海岛旅拍、婚纱摄影等服务，形成"甜蜜经济"生态圈。

3. 特色化开发：打造爱情文化艺术岛

花鸟岛以"爱情 IP"驱动全产业链升级，形成文旅消费生态闭环。

一是打造现象级节庆品牌。花鸟岛依托百年灯塔的浪漫寓意，打造全国知名的爱情主题节庆活动。2023 年 5 月 20 日，浙江省首个户外结婚登记颁证基地在花鸟岛启用，新人在百年灯塔下宣誓，形成"灯塔为证·海誓山盟"的独特仪式感。花鸟岛每年的"独特仪式集体婚礼"吸引了全国新人参与，配套"心动集市""落日婚纱秀""荧光海求婚"等活动，形成了显著的品牌效应。此外，花鸟岛举办"国际灯塔艺术节"，邀请国内外艺术家驻岛创作，将低碳环保理念融入艺术创作，形成独特的"低碳艺术"IP。

二是构建多元业态矩阵。围绕"爱情艺术岛"定位，花鸟岛构建"婚庆＋文旅＋艺术"全产业链。在婚庆产业方面，引入全国婚庆服务独角兽企业"婚礼纪"，打造"花栖鸟颁证基地""纸短情长证婚广场"等 10 余个浪漫地标。同时，发展海岛旅拍、婚纱摄影等业态，侨界人士参与建设"花鸟岛照相馆"，提供高端婚庆服务。在文旅消费方面，培育"花鸟礼物""岛与书房"等文创品牌，开发"花鸟有喜"主题伴手礼，并开通"花鸟—嵊山—枸杞"海上环线，丰富游客体验。此外，通过"民宿联盟"推动精品民宿集群化发展，例如，"时光海岸"等特色民宿结合落地窗海景、荧光海观赏等卖点，形成高端住宿消费圈。

三是创新精准运营机制。花鸟岛实行"一岛一景区一公司"模式，对区域内所有具备利用价值的闲置农房按照合理的市场价格进行统一租赁、收储和管理，并采取"定制旅游＋数字赋能"模式，实现精细化运营。花鸟岛利用数字化手段优化服务，如设置"鸟屿花香"数字门牌，游客扫码即可获取导航、船期、民宿推荐等信息，提升便利性。此外，通过共富结对活动，借助阿里巴巴的资源，开发花鸟数字攻略、开展互动直播等，2024 年花鸟岛媒体总曝光量超 5 亿，精准触达目标客群。在运营模式上，政府引导与市场运作相结合，如鼓励侨界人士投资婚庆产业，形成"侨助共富"模式。2024 年花鸟岛旅游总收入同比增长 12.95%。

4. 共富化发展：实现生态与经济双赢

花鸟岛通过产业反哺民生，进而构建起主客共享的可持续发展模式。

一是激活当地经济活力。花鸟岛实施"民宿联营"计划，让村民以房产入股的形式参与经营。本地村民通过经营民宿、渔家乐、文创店等实现增收，如90后返乡青年黄俏慧投资80万元改造"时光海岸"民宿，两年内回本并成功拓展饮品店业务。此外，侨界人士参与婚庆产业链建设，例如，侨界人士投资的"花鸟岛照相馆"提供旅拍服务，以带动高端消费。同时，花鸟岛创新打造"劳养结合"模式，60岁以上老人参与民宿保洁、餐饮服务等工作，月收入最高达5000元，实现"家门口就业"。

二是完善全龄服务体系。针对老龄化问题，花鸟岛探索"宿养结合""以房养老"等新模式，确保老年群体共享发展红利。58家民宿与175位老人结对，民宿提供居住改善、日常照料及精神慰藉等服务。政府集中建造老年公寓，以老房置换新房，老人年租金仅500元，同时可获得16万~20万元的旧房出租补贴。乐龄幸福公社提供专业养老服务，涵盖托养、配送餐、医疗等服务，让高龄老人"老有所乐"。此外，"侨爱餐厅"为经济困难老人提供免费餐食，形成"政府＋侨界＋社会"的多元养老支持体系。

三是强化利益共享机制。花鸟岛通过"幸福公约"建立民宿业主与房东老人的长效帮扶机制。例如，"花屿爱丽丝"民宿定期为老人举办活动，"一阵风"民宿为老年夫妻策划西式婚礼。这些活动增强了民宿业主与房东老人之间的情感联结。同时，村集体通过"民宿联盟"整合资源，集体经济年增速超20%。政府还通过"新乡贤带富工程"引入社会资本，如侨界投资婚庆产业、海外人才工作室落地等，形成"侨助共富"模式。

（二）枸杞岛：打造贻贝产业岛

枸杞岛作为舟山群岛中的一个重要海岛，凭借其得天独厚的海洋资源，大力发展贻贝养殖产业，已成为海岛经济发展的新亮点。近年来，枸杞岛积极探索养殖海域"三权分置"改革，通过生态化修复、综合化建设、特色化开发和共富化发展四大举措，将自身成功打造为"贻贝产业岛"，为海岛共同富裕探索出一条新路径。

1. 生态化修复：守护海洋生态，筑牢发展根基

枸杞岛以系统性生态治理模式筑牢贻贝养殖产业根基，实现人海和谐共生。

一是实施养殖海域"三权分置"改革。枸杞岛推进养殖海域所有权、经营权、承包权分离，通过数字化养殖管理平台实现养殖海域动态监管。2024 年，枸杞乡实现养殖海域数字测绘入库，700 多艘养殖船被纳入实时定位系统，养殖场地争议减少，海域利用率提升。

二是推进海洋污染治理工程。枸杞岛全面替换传统泡沫浮球，2024 年底完成环保新材料浮球的置换，微塑料污染锐减。新型浮球的抗风浪性能显著提升，2024 年台风"贝碧嘉"过境时其破损率极低，养殖户损失大幅降低。同时，建立渔用物资集中堆放场地，如龙泉村建设的 2300 平方米"格子间"，规范养殖物资管理。

三是修复海洋生物栖息地。枸杞岛实施贻贝养殖伏季休渔政策，控制养殖密度，促进海域生态恢复。此外，废弃贻贝壳被加工成饲料添加剂、土壤改良剂等，减少环境污染，形成生态闭环。

2. 综合化建设：完善基础设施，提升产业效能

枸杞岛以数字化手段赋能贻贝产业升级，打造现代化海洋牧场示范样本。

一是建设"海陆空"监测体系。枸杞岛布设近 300 个警务感知设备，覆盖渔用码头、物资堆放点等关键区域，并引入"贻贝养殖船太阳能定位系统"追踪海上盗窃行为。同时，启用 2.0 版数字化养殖管理平台，动态

监测 14.87 平方千米养殖海域、700 余艘船只，实时采集水温、气象等数据，助力科学养殖决策。

二是打造产业链协同平台。枸杞乡成立贻贝产业协同创新中心，制定 5 项行业标准，聘请宁波大学等高校的教授定期开展养殖技术培训，惠及养殖户 504 户。通过"嵊渔通""渔通"等平台提供的养殖审批、贷款等线上办理服务，渔民可一键申请信贷，贷款年利率低至 3.6%。

三是贯通陆岛交通设施。完成三礁江跨海大桥建设，枸杞乡日通行能力大幅提升。枸杞乡优化渔用码头管理体系，并引入自动化分拣技术，提升物流效率。

3. 特色化开发：创新养殖模式，打造品牌经济

枸杞岛以科技创新驱动贻贝价值跃升，构建全产业链生态体系。

一是创新生态养殖模式。推广应用深水抗风浪网箱养殖技术，贻贝产量大幅提升。2024 年枸杞岛贻贝养殖户有 481 户，户均年纯收入超 25 万元。贻贝养殖面积 2.23 万亩，2023 年实现贻贝养殖总产量 15.56 万吨，同比增长 6.97%，养殖总产值 10.02 亿元，同比增长 63.19%。

二是开发高附加值产品。枸杞岛引入一米八海洋科技（浙江）有限公司，建成国内首条鲜活贻贝工业化流水线，采用"充氧锁鲜"技术，使贻贝保鲜期达 18 天。贻贝在盒马鲜生等渠道销售，其售价提升至每千克 40 元。此外，当地企业开发速冻贻贝系列产品，2023 年此系列产品出口东南亚的贸易额占其出口总额的 70%，年出口额突破 1 亿元。

三是强化品牌认证保护。"嵊泗贻贝"已获地理标志集体商标、农产品地理标志、中欧地理标志协定保护三重认证。2024 年，嵊泗县市场监管局联合中国邮政储蓄银行，通过地理标志集体商标质押的方式，为当地养殖户提供 35 亿元的授信额度，有效解决了养殖户的融资难题。同时，依

托"浙食链"溯源系统，实现贻贝从养殖到销售全流程可追溯，提升品牌公信力。

4. 共富化发展：共享产业红利，实现共同富裕

枸杞岛通过利益联结机制实现生态红利全民共享，打造共同富裕海岛样板。

一是创新"四联共富"模式。推行"党委联企业、企业联村社、村社联船队、船队联农户"机制，建立"政府＋企业＋合作社＋农户"利益共享机制。全乡的养殖户通过"嵊渔通""渔通"等平台进行贻贝销售、贷款等线上业务办理。依托"蓝海牧岛石榴红"电商直播中心，带动1600余人就业。

二是培育新型经营主体。枸杞岛推广"党支部领办合作社"模式，成立贻贝产业联合社，整合养殖户资源，统一技术、品牌和销售等事项。此外，民宿产业带动156家渔家乐和9家精品酒店快速发展，2023年旅游收入达1.51亿元。

三是建立风险共担体系。枸杞岛构建"保险＋信贷＋补贴"风险防控机制，推出"渔贷乐—养殖"低息贷款，帮助养殖户应对台风等灾害。同时，政府联合农商银行设立专项贷款，提供免担保金融服务，并建立贻贝产业保险，该保险覆盖养殖、加工全流程风险。

（三）嵊山岛：打造国际海钓基地

嵊山岛位于浙江省舟山市嵊泗县，是中国最东端的有人居住的岛屿之一，地处杭州湾以东、长江口东南，是嵊泗列岛的重要组成部分。嵊山岛以丰富的渔业资源和独特的海岛景观闻名，拥有"东海鱼仓"之称，是国家一级渔港和鲜活海产品出口基地。岛上旅游资源丰富，有东崖绝壁、嵊

山渔港、后头湾"荒村"等景点，其中东崖绝壁以险峻壮丽的海岸线著称，是观赏日出和海洋风光的绝佳地点。嵊山岛近年来立足"渔旅休闲岛"定位，以海钓特色产业为核心，以打造"国际海钓基地"为目标，积极探索海岛共同富裕新路径。嵊山岛通过生态化修复、综合化建设、特色化开发和共富化发展四大举措，将自身打造成独具魅力的"渔旅休闲岛"，成为海岛经济发展的新典范。

1. 生态化修复：筑牢海岛发展根基

嵊山岛通过系统性生态治理筑牢发展根基，进而构建全域生态保护体系。

一是实施全域环境整治工程。嵊山岛开展"净山行动""厕所革命"等环境整治工程，2023年投入520万元完成45个创城项目，包括对沟渠下水口、入海排污口等重点区域的治理。同时，嵊山岛推进渔农村卫生综合治理，改造老旧民居外立面，实施夜景亮化工程，使泗洲塘村等区域焕然一新，吸引游客打卡。

二是完善生态治理长效机制。嵊山岛建立"党委领导、政府监管、行业管理、企业负责、社会监督"的生态治理模式，2023年累计排查整改涉渔涉海隐患322处，消除消防隐患340处，全年未发生重大生态安全事故。此外，嵊山岛设立"全民清洁日"，动员居民参与生态环境治理，形成长效管护机制。

三是强化海洋生态修复。嵊山岛实施海岸带生态修复工程，2021年成功申报国家海洋生态保护修复工程项目，通过沙滩修复、渔港清淤、生态用海等方式恢复海岸带功能。同时，推广贻贝养殖环保浮球，减少微塑料污染，在2024年台风"贝碧嘉"来袭期间，新型浮球的破损率极低，有效保障了养殖户的收益。

2. 综合化建设：完善海岛功能配套

嵊山岛以"国际海钓基地"为核心，推进全域基础设施升级与产业空间重构。

一是打造"一核两翼"空间布局。嵊山岛以泗洲塘大玉湾区域为核心，建设海钓展示厅、集散中心和渔用码头，形成国际海钓基地核心区。其中，海钓展示厅集 VR 体验、文化展示等功能于一体。"两翼"分别布局小玉湾渔用码头和西洋湾商业配套综合体，形成"赛事＋休闲＋商业"的产业联动格局。

二是贯通海陆交通体系。嵊山岛升级小玉湾渔用码头，提升海钓船舶停泊能力，并优化岛际航线。结合"千万工程"改造泗洲塘村民居外立面，实施夜景亮化工程，2023 年投资 520 万元完成 45 个创城项目，提升旅游接待能力。

三是创新土地集约利用方式。借助"渔旅融合"盘活闲置资源。2023 年，嵊山岛投资 5904 万元，推进 9 个工程项目，包括凭海临风民宿综合体及 6 家限上住宿企业，新增就业岗位 1500 余个。同时，嵊山镇结合"减船转产"政策引导渔民参与海钓产业。目前有海钓船 100 艘，形成了"县海投公司＋协会＋俱乐部"的产业生态圈。

3. 特色化开发：打造海钓旅游品牌

嵊山岛以政策创新与科技赋能双轮驱动，构建海钓全产业链生态。

一是强化制度保障。出台《嵊泗县海钓管理办法（试行）》，明确海钓船标准化参数（作业方式为船钓时船总长须为 16 米及以上；作业方式为矶钓时船总长须为 10.5 米及以上）。实施海域"三权分置"改革，确权 5.18 平方千米专属钓场，划定禁钓区 3 处，实现资源保护与开发平衡。

二是培育市场主体。成立国有公司"嵊泗县盛泰海钓经营有限公司"，其注册资本 2000 万元。该公司与浙江弘憬集团有限公司合作开发海钓 App，实现线上预约、投保、缴费等功能。在 2023 年试运营期间，该公司接待高端钓客 50 人次，营收突破 8 万元。

三是拓展产业融合。嵊山岛以"海钓 + 文旅"模式延伸产业链。2023 年全国海钓精英赛吸引近百名选手参赛，人均渔获 2.5 千克。同时，结合网红景点"东崖绝壁"开发海钓观光线路，并联动贻贝产业推出"从大海到餐桌"的海礁餐厅，形成"赛事 + 旅游 + 餐饮"融合业态。

4. 共富化发展：共享海岛发展成果

嵊山岛通过利益共享机制实现生态红利全民共享，打造共同富裕海岛样板。

一是推动渔民转型增收。嵊山岛通过"共富工坊"模式助力渔民转产转业，发展贻贝加工、海钓旅游等产业。2024 年，"共富工坊"与 21 家盒马鲜生超市达成直供合作，带动村民日均增收 200 元，户年均增收超 5 万元。同时，海钓赛事带动渔家乐、民宿等产业增收，2023 年嵊山镇旅游收入达 8374.28 万元，同比增长 12.95%。

二是盘活闲置资产富民。嵊山岛创新打造"村集体 + 民宿"模式，盘活闲置土地 5500 平方米，以租赁方式引入精品民宿项目。例如，"洞池大池"民宿综合体，村集体按"首年租金 10 万元 + 后期租金年均 5% 递增"的方式出租，20 年后产权归村集体。2023 年，全镇培育 16 家等级民宿，带动渔村就业超 200 人。

三是赛事引流品牌赋能。嵊山岛依托"百年渔场"资源，举办全国海钓精英赛等赛事。2024 年赛事吸引 200 余名选手，带动周边餐饮、住宿消费增长 15%。同时，结合"绿野仙踪"无人村等网红景点开发海钓观光线路，形成"赛事 + 旅游"融合业态，2023 年接待游客 6.5 万人次。

第五章　生态共富的都市近郊模式研究

在经济发达的都市区近郊，普遍存在一批区位优、生态美、共富难、潜力大的区域。一直以来，都市近郊作为容易被忽视的地区，其生态资源价值一直没有得到充分彰显，其发展模式侧重于以牺牲良好生态环境为代价，承接都市外溢低端产业，将工业化和城镇化的发展作为其主要经济动力源。浙江省萧山南部区域的生态共富探索实践表明，生态共富的都市近郊模式（以下简称"都市近郊模式"）充分考虑区位优势与经济劣势、生态优势与生态问题、共富重点与潜在亮点、政策完善与制度探索等问题，通过谋划专项战略、打造专业化平台来精准解决关键问题，通过发展特色优势产业、创新体制机制来破局，最终变劣势为优势、化优势为胜势。

一、都市近郊特点

都市近郊模式的发展离不开对都市近郊特点的精准分析。都市近郊的特点可从区位、生态、共富、政策四个维度来考虑，它们是辩证统一的，从现状来看它们是相互依存、相互贯通的，而且在一定条件下可以相互转化。

（一）区位优势与经济劣势并存

都市近郊通常被视为发达地区内部相对不发达的区域，从梯度发展理论的角度审视这种定义，可以看出都市近郊相对于都市核心区域存在显著的发展落差，同时也蕴含着巨大的发展潜力与提升空间。梯度发展理论强调地区间经济发展水平的不均衡性，以及资源、技术、资本等要素在不同梯度间的流动与转移。据此，都市近郊作为连接都市核心与乡村腹地的纽带，其区位优势体现在交通便捷、信息通达、基础设施逐步完善等方面，而经济劣势则主要体现在产业结构相对单一、高技术含量与高附加值产业占比不高、创新能力有待加强等方面。

（二）生态优势与生态问题同在

都市近郊由于地处都市边缘，相对于其他生态优良地区更易受到城市化的辐射带动，属于生态优良地区中具有较大开发价值的区域，也更加受到市场开发者的认可。然而，都市近郊在长期的城镇化、工业化进程中不可避免地形成了一些生态环境问题，如水体污染、土壤退化、生物多样性减少、空气质量下降等。这不仅影响了当地居民的生活质量，也对区域经济的可持续发展构成了潜在威胁，亟待得到有效解决。

（三）共富重点与潜在亮点兼具

都市近郊属于共富重点地区的潜在亮点区域。若能够采取科学合理的生态化发展战略和精细化的开发举措，都市近郊有望成为将科创、文创、农创等新兴经济产业与自然生态环境深度融合发展的亮点区域。科创产业可依托都市近郊的智力资源，推动科技成果转化和产业升级；文创产业则可以充分利用都市近郊自然景观和人文底蕴，打造具有地方特色的文化品牌；农创产业则结合都市近郊的农业资源和市场需求，推动农业现代化和绿色农业发展。这些新兴经济产业的蓬勃发展，不仅能带动当地经济快速增长，也能促进就业和提高居民收入水平，为实现共同富裕提供有力支撑。

（四）政策完善与制度探索并行

与山区海岛地区相比，都市近郊由于毗邻都市区，具有城镇化水平相对较高、拆迁成本较大等特点，同时因城乡接合地带历史遗留问题复杂，政策协调难度较大，长久以来在生态共富方面相对落后。要发挥都市近郊模式（见专栏 5–1）的发展潜力，需要政策制定者从顶层设计和制度探索两方面发力。在顶层设计方面，省级政府应把都市近郊这一易于被忽视的区域作为共同富裕工作的重要内容，指导地方完善都市近郊发展的顶层设计，实施特色化的发展战略。在制度探索方面，省级政府应锚定"钱、地、人"三要素创新开发模式，聚焦"资金""土地""人才"三个要素的融合发展。聚焦支撑——"钱"，创新开发绿色金融工具，助推资本健康发展；聚焦载体——"地"，通过全域土地综合整治措施，盘活存量建设用地、谋划增量建设用地，助推用地保障到位；聚焦核心——"人"，通过人才招引、人才培育、人才留存等机制，助推人才支持到位。

专栏 5–1　都市近郊模式的溯源与展望

从历史渊源看，想要了解都市近郊模式的过往劣势，需要分析发展阶段和地理地貌两个成因。就发展阶段而言，长期以来我国经济快速发展，以浙江为代表的发达先进省份，都市近郊的发展模式一直以来侧重于以良好生态环境作为代价来承接都市外溢低端产业，而都市近郊的生态资源价值一直没有被挖掘。就地理地貌而言，多数都市近郊往往呈现山地多、平地少的地形特征。以浙江省为例，受限于"七山一水两分田"的地貌，萧山南部、余杭西北部、柯桥南部、乐清北部等都市近郊的生态良好区域，与都市中心区域相比往往存在优势产业缺乏、基础配套滞后、公共服务薄弱等问题，同时面临诸多限制性开发因素，最终导致"毗邻'宝盆'而致富难"。

从发展脉络看，要充分发挥都市近郊模式的当下优势，既需要借鉴国际经验，也需要结合国情、省情。从全球先进地区经验看，当人均生产总值达到 2 万美元水平，区域经济就进入创新发展阶段，呈现出科创、文创、艺创等新兴经济产业与自然生态融合发展的特征，如美国博尔曼、法国索菲亚科技城、英国加的夫及上海青浦西岑科创中心、广东东莞松山湖科学城等。从国情、省情发展实际来看，自 1992 年以来，我国陆续开展园林城市、森林城市、生态园林城市等创建活动。党的十八大以来，"两山"理念成为全党全社会的行动共识，城市生态文明建设迈向新时代。以浙江省为例，随着"大湾区大花园大通道大都市区"建设持续推进，总体呈现出核心城市综合实力显著提升、省域生态环境质量显著改善、全省时空距离显著缩短的新特征新趋势，国际先进地区经验正在浙江省开展本土化实践验证，湖州市西塞科学谷、嘉善县祥符荡科创绿谷等均在加快开发，都市近郊正在步入价值兑现阶段，将成为全省经济高质量发展的重要增量板块。

二、模式路径

都市近郊模式是以良好生态为辨识度及驱动力，推动区位优、生态美、共富难、潜力大的都市近郊实现共同富裕的典型模式（见图5-1）。究其路径方法，主要通过制定专项战略与依托专业平台来指引都市近郊的发展方向；通过精准聚焦生态修复、精准落位重点平台、精准推进乡村共富来精准解决都市近郊发展中的关键问题；通过发展优势科创、特色文旅、都市农业为都市近郊的发展注入新鲜血液；通过用好政策性开发性金融支持、探索生态保护修复新机制、完善人才"引育留"机制来创新赋能模式，形成以"专"为统领，以"精""特"为路径，以"新"为保障的解决思路。

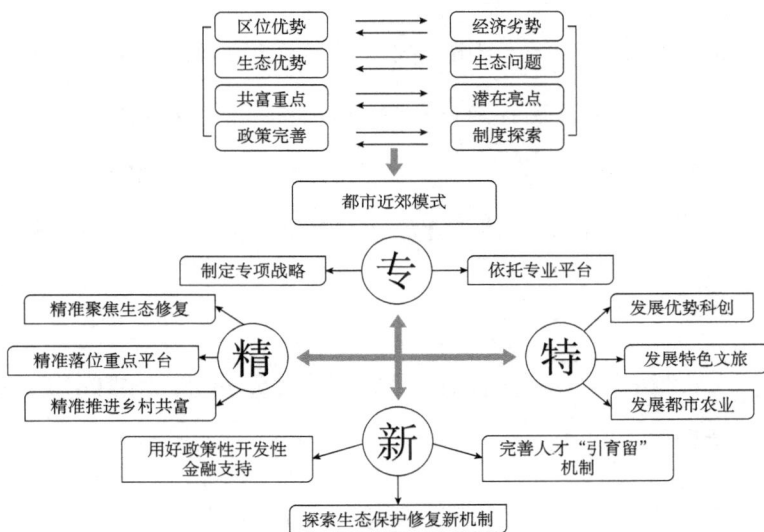

图5-1 生态共富的都市近郊模式

资料来源：笔者绘制。

（一）"专"——专注生态共富战略，实现与都市区域差异化发展

都市区域的发展是一个综合性的过程，需要工业化、信息化、城镇化协同发展。工业化是经济发展的重要推动力，信息化是都市现代化水平的重要标志，城镇化是都市人口聚集和空间扩张的过程。然而，当前的发展战略对生态建设的重视不足，对都市近郊区域的重视尤为不足。都市近郊区域既不是都市经济发展的重心，也不是落后贫困地区脱贫致富的重点，容易成为各级政府关注的薄弱环节，因此亟须为都市近郊区域制定与都市核心区域有差异的专项发展战略，将都市近郊整体打造为区域生态共富先行区，推动都市近郊生态化、协同化、组团化发展。

一是制定专项战略。制定都市近郊生态共富发展专项规划，系统谋划空间布局，创新实施生态修复、生态产业工程，擘画生态共富的远景蓝图，明确近期"施工图"和"任务书"。

二是依托专业平台。都市近郊的开发需要专业平台来统筹各类项目的运营管理，既可通过现有国资平台来承担相应业务实现专业化运作，也可重新组建县区级的国资平台，让其负责推进近郊区域的全域土地综合整治、土地要素开发经营、清洁能源开发等重点工作，为生态共富的实操落地打下基础。

（二）"精"——精准解决制约区域发展的关键问题，聚力实现生态蝶变

都市近郊作为生态优势区，需要以更高标准来解决存量生态环境问题，以更高质量推动资源要素集聚到重点开发平台，以更高水平破解村集体经济的薄弱环节问题。

一是精准聚焦生态修复。针对都市近郊普遍存在的缺空间、缺土地的瓶颈问题，抓住批而未供、供而未用和规模较大的闲置土地等关键变量，开展土地全域综合整治，统筹推进水域、山林、农田三大生态子系统的保护修复，系统保护山清水秀、天蓝地绿的生态环境。在解决历史遗留生态环境问题的同时，为区域发展盘出存量、腾出空间。

二是精准落位重点平台。依托都市近郊的优质生态和良好区位，借势借力现有产业开发平台，优化资源要素配置，协同推进现有产业体系改造升级和重点产业平台发展，构建绿色生态、创新引领的区域重点平台。

三是精准推进乡村共富。针对村集体经济薄弱的共富痛点，深入实施"千万工程"，按照"以点带面、点面结合"思路，以原乡人、归乡人、新乡人为建设主体，以乡土味、乡亲味、乡愁味为建设特色，按照"缺什么补什么、需要什么建什么"的要求，选取部分特色乡村进行重点培育，打造主导产业兴旺发达、主体风貌美丽宜居、主题文化繁荣兴盛的现代化乡村，探索实现共同富裕的乡村实践路径。

（三）"特"——着力发展生态特色产业，让"有风景的地方"兴起新经济

新经济发展最快的地区基本是生态良好的地区。以生态驱动为典型特征的发展模式，有别于"以产引人"的传统思路，按照"以人引产"的创新思维，从人的需求出发，突出"生态引人、人来产来"的发展导向。

一是把握特别机遇，发展优势科创。聚焦新质生产力布局，大力发展数字经济产业，围绕大数据、云计算、人工智能等重点领域，承接都市中心外溢的科创新兴产业，以良好生态吸引科创企业和人才。通过"产业大脑＋未来工厂"模式，对资源要素数据、供应链数据和贸易流通数据进行

汇集分配，引导区域产业数字化发展。

二是开发特质要素，发展特色文旅。深度挖掘当地文化特色，打好历史牌、文化牌、生态牌，进一步加强文化产业与传统制造业、旅游业、金融服务业等多个产业的融合发展。积极拓展新业态新模式，借助云计算、大数据等信息技术手段，对文化产业的内容生产、营销和服务进行创新性改革，积极推动数字经济、创意经济、共享经济等新业态健康发展。打造特色文化 IP，培育一批区域内发展势头良好、综合影响力大、市场前景好、消费者评价高的文化 IP 项目。

三是挖掘独特资源，发展都市农业。大力发展都市型现代农业，围绕"特色农业、品牌农业、休闲农业、创意农业、数字农业"等专业领域，谋划打造农村创意产业园区、数字农业工厂、农产品电商孵化园区等。系统推进农业品牌化建设，构筑区域农业品牌体系，推进公用品牌、企业品牌、特色农产品品牌等的建设。由浙江萧然绿色发展集团有限公司负责运营的农产品区域公用品牌"萧山本味"成功获评乡村文旅运营品牌。培育新型农业经营主体，探索龙头企业、农民合作社和家庭农场等分工协作模式，建立一体化农业经营组织联盟。

（四）"新"——创新机制和模式，推动构建改革驱动、变革赋能的制度体系

深化制度创新供给，是都市近郊区域破解生态治理难题、培育新经济沃土、筑牢共富保障的关键。一方面要协同推进自然资源资产、生态保护修复等方面的重大改革，另一方面要让资本进得来、出得去、有钱赚，创新社会资本激励机制和投融资模式等金融方面的重大改革。此外，创新人才引进、培育、留住等人才保障机制，打出一套"钱、地、人"的"组

合拳"。

一是聚焦资金要素，用好政策性开发性金融支持。围绕生态保护修复、生态产业发展、平台载体建设等领域，按照"以丰补歉""长短结合"的思路，开展都市近郊重大项目的谋划工作，形成融资方案。对接国家开发银行、中国进出口银行等政策性银行，争取政策性开发性金融支持，为区域生态共富引入绿色金融"活水"。

二是聚焦土地要素，探索生态保护修复新机制。鼓励社会资本参与生态保护修复，合理配置生态修复产生的土石料、淤泥资源及建设用地指标、耕地占补平衡指标等关联权益，灵活选择"生态保护修复＋土地整治＋产业导入"等模式。例如，开展"全域土地综合整治＋"多元化整治模式。以土地综合整治为基础，实现多要素集聚、多功能提升、多业态优化，进而在空间格局上统筹布局千亩万方、产业价值链上联动千行百业、发展福祉上普惠千家万户。

三是聚焦人才要素，完善人才"引育留"机制。招引一批专业型人才和运营管理人才，引进一批产业领军人才，挂职一批专业干部，实现优秀人才的引入。建立本土人才开发投入机制，健全人才保障制度，完善本土优秀人才培育制度。构建高水平人才培育平台，建设一批集创业、展示、居住、社交等于一体的"青年城""创业港""数字游民公社"和人才创新创业服务综合体等。

三、典型案例

（一）萧山区推进萧山南部区域生态共富

萧山区是杭州大都市建设的核心区，在全国"综合实力百强区"的排名中名列前茅。然而,萧山有一个鲜为人知的区域——萧山南部区域,即杭州绕城高速公路以南的临浦、浦阳、所前、楼塔、进化、戴村、河上、义桥八镇,其总面积约为 450 平方千米,属山区、半山区地形,是毗邻杭州大都市的生态区块。萧山南部区域以萧山全区 1/2 的面积,承载了 1/3 的人口,但仅贡献了 1/6 的经济总量,人均生产总值仅为全区平均水平的 1/2,约 60% 和 30% 的村级集体经济经营性收入分别低于 100 万元和 60 万元。萧山南部区域既是萧山区共同富裕的最大难点,也是实现萧山区绿色高质量发展的重要增量板块。自 2021 年以来,萧山区在南部区域谋划打造生态共富先行区,聚焦以良好生态为辨识度和驱动力的共同富裕目标,落地 10 余项省级以上生态类改革试点。组建浙江萧然绿色发展集团有限公司,与国家开发银行签署 200 亿元政策性融资授信协议,实现生产总值、公共预算、旅游人次等重要指标的逆势增长,正在走出一条新的生态共富之路。

1. 以"专项战略 + 专业平台"推进生态共富

制定实施《萧山南部生态共富先行区发展规划》,构建"一心两廊四带五组团"的空间布局,创新实施"七彩南花园工程",擘画生态共富的远景蓝图,明确近期"施工图"和"任务书"。组建区级功能性国有企业浙江萧然绿色发展集团有限公司,该公司负责推进全域土地综合整治、土地要素开发经营、矿地综合利用、清洁能源开发等重点工作。累计实现土地流转面积 2.7 万亩,推出 12 村 5 条精品线路,推动绿发(楼塔)农光互补示范园、绿发(临浦)茶果经济示范园等项目落地,助力萧山南部实现生态共富。探索国企专业平台助力共富机制,推进浙江萧然绿色发展集团有限公司发挥国企战略性引领性作用,实施一批生态保护修复、水污染防治、可再生能源项目,盘活适合集中经营开发的农村闲置宅基地、农房、废弃矿山等碎片化资源资产，形成"企业+集体+合作社+村民"等多方参与、共建共享的运营格局，推广"入股分红""保底收益+二次分红"等模式，与村集体、农户建立长效利益联结机制。

2. 以问题导向精准突破区域发展瓶颈

一是聚焦生态修复。针对萧山南部区域森林质量退化、生物多样性降低、林道环境破坏等生态问题，实施山水林田湖一体化保护和修复工程，推进石牛山、杨静坞、大岩山等森林公园的建设。实施生物多样性保护修复项目、林道生物多样性保护工程，寺坞岭生物多样性体验地项目成功入围"中国潜力 OECMs[①] 案例"，寺坞岭生态修复项目见专栏 5-2。积极推进森林抚育经营、彩色森林培育项目顺利开展，建设拥江多彩森林廊道。

二是聚焦重点平台。充分把握"中国视谷"建设的战略机遇，高水平合作共建杭州高新区（滨江）萧山特别合作园，深入推进萧山南部区域与滨江、富阳、诸暨等毗邻区域的协同发展。启动三江创智新城等合作平台，带动戴村、义桥等镇发展集成电路、网络通信等数智新兴产业，推动萧山（河上）新材料产业园的开发及各镇工业园区改革。

三是聚焦乡村共富。针对村集体经济薄弱的共富痛点，深入实施"千万工程"，按照"以点带面、点面结合"思路，启动横一村、欢潭村、众联村三个省级未来乡村建设，其中横一村成功入选浙江省首批未来乡村名单。浦阳镇联合传化集团共同打造浦阳传化共富乡村，探索实现共同富裕的萧山乡村实践路径。

---

① 其他有效的区域保护措施（Other Effective area-based Conservation Measures，OECMs）。

专栏 5-2 寺坞岭生态修复项目

"江河荟浙江翠"寺坞岭自然地位于杭州市萧山区义桥镇寺坞岭云峰山，海拔 520 米，处于钱塘江、浦阳江、富春江三江汇流核心区域。该自然地以云峰山为主体，通过森林生态恢复来提升生物多样性，以山体变化展现生态修复历程，集生态保护、科学研究、科普宣传、自然教育于一体，让公众更了解生物多样性、本土物种及生态修复的意义。

寺坞岭自然地周边有丰富的生物多样性资源。在云峰山划定的 220 亩生物多样性提升一期示范区内，经过 70 余次生物多样性调查，已监测到维管植物 274 种，兽类 14 种，鸟类 82 种，两栖爬行类动物 33 种，昆虫 203 种。

寺坞岭自然地总面积近 500 亩，包括生物多样性展陈馆等建筑、周边山地（含生态茶园修复地）以及生物多样性修复试验地。寺坞岭自然地的目标是恢复杭州原本的落叶和常绿混交阔叶林。科学家和自然工作者们在寺坞岭利用基于自然的解决方案（NbS），即源于自然并依托自然的解决途径，探索提升华东毛竹林生物多样性的可行方法。

2024 年 8 月寺坞岭自然地入围"中国潜力 OECMs 案例"，并于 10 月亮相联合国《生物多样性公约》第十六次缔约方大会（COP16），这不仅彰显了森林生态恢复提升生物多样性方案的可行性，更昭示了官方对以山体变化展现生态修复历程的认可度。

3. 以生态特色产业打造区域生态共富引擎

以"新科创""新文创""新农创"等生态特色产业为重点，打造萧山南部区域生态共富新引擎。发展优势科创产业。充分发挥三江创智新城与滨江区高架一线牵的优势，围绕信息技术、精密智造、医疗健康、半导体等新兴领域，落地中国电信杭州大数据中心、浙报融媒体产业园、莱和生物等重大项目。开发特质要素，发展特色文旅。打造所前沿山十八村生态共富长廊、戴村郊野运动小镇、河上镇东山村精品民宿群、浦阳森与海等文旅示范区块。楼塔镇成功入选省级旅游风情小镇，临浦镇入选"浙江省千年古镇（古村落）地名文化遗产"名单。根据手机信令数据可知，萧山南部区域 2021 年 10 月到访旅游人口达到 18 万人次。挖掘独特资源，发展都市农业做强茶、水果、花木等特色农产品，打造"杜家杨梅""戴村三清茶""浦阳蜜梨"等有辨识度的农产品区域品牌，开发建设梅子庄园、凤凰坞、三泉王美丽茶果等田园综合体，成功创建一个省级现代农业园区和两个市级农村一二三产业融合发展的示范园。

4. 以创新机制激发生态共富生命力

一是打造土地综合整治机制，以提质增效推动共同富裕。抓住存量闲置土地等关键要素变量，以全域土地综合整治为抓手，以临浦国家级试点、浦阳镇等 3 镇跨乡镇试点为重点，开展 1 个国家级和 17 个省级全域土地综合整治试点工作。统筹推进农用地、村庄、低效工业用地和城镇低效用地整治，以及生态保护修复工作，促进土地利用提质增效，为区域发展盘出存量、腾出空间。

二是建立绿色金融助力共富机制。深化与政策性银行的战略合作，与国家开发银行浙江省分行签订 200 亿元的《萧山南部生态共富意向合作协议》，为实现生态共富注入绿色金融"活水"，建立生态共富融资新模式。萧山南部临浦镇全域土地综合整治项目见专栏 5-3。

专栏 5-3 萧山南部临浦镇全域土地综合整治项目

临浦镇全域土地综合整治项目于 2020 年 12 月正式实施。该项目以千亩农田、万亩修复、全域提升为整治目标,持续释放全域土地综合整治在破解用地制约问题、提升农村发展动能等方面的综合效用。项目实施范围为临浦镇城镇开发边界外的区域,包括临一村、横一村、浦南村等 26 个村(社区),土地总面积为 28.52 平方千米。其中,农用地面积为 19.66 平方千米,建设用地面积为 7.04 平方千米,未利用地面积 1.82 平方千米。

一是科学规划,合理布局"三生"空间。以耕地整治修复为主,全镇打造 10 平方千米生态农业产业区;以低小散工业用地整治为主,打造 3 平方千米现代产业区;以乡村度假、农业观光、生态康养等产业为主,开发 4 平方千米特色农业产业区。例如,横一村实施千亩农田"非粮化"整治,开发"萧山未来大地"项目。

二是数字赋能,"智慧田警"全程助力。依托"智慧田警"多跨协同综合应用场景,临浦镇实现全域土地综合整治试点信息和进展全方位一屏掌控、全流程闭环管理、全天候实时监控。通过梳理整合临浦镇耕地、低效工业用地等信息并将其数字化,实现整治修复子项目空间数据全覆盖,形成信息要素"一张图"。

三是完善政策,提升全域整治实效。充分利用萧山区耕地保护补偿机制等相关政策,构建整治获取资金、资金促进整治的良性循环体系,提升全域整治实效。

（二）法国索菲亚科技城将"好风景"转化为"新经济"

法国索菲亚科技城（Sophia Antipolis）位于法国南部地中海沿岸地区，毗邻著名旅游城市尼斯和戛纳。索菲亚科技城位于自然公园之中，占地14平方千米。索菲亚科技城以自身良好的生态环境（好风景）吸引产业和人才，然后将其转化为高新技术产业的"新经济"。索菲亚科技城从零起步，现已形成以电子信息为主导的高科技产业集群，吸纳了2500家科技企业、近4万名高级人才，年营业额达到56亿欧元，成为国际化的科技城和欧洲领先的科技中心。

1. "有风景 + 有前景"的政府专项主导

索菲亚科技城生态环境优越，20世纪70年代法国政府开始规划建设科技城。法国政府确定了生态优先的发展战略，通过良好生态资源吸引产业。拒绝一切污染项目，在空间上确保90%的绿化覆盖率。在园区建设中广泛采用生态设计、环保材料、新能源设施和雨水收集等环保材料和技术。法国政府精准选择产业方向，着力发展具有广阔前景的电子信息产业，围绕信息科技、通信技术、电子元件、互联网服务、多媒体等重点领域来招引产业，并创建索菲亚基金会、新兴企业培植中心和国际智密区俱乐部来共同推进项目开展。

2. "有圈层 + 有配套"的市场特色运作

一是开展卓有成效的全球营销。索菲亚科技城对标硅谷，重点面向欧美发达市场开展精准招商，通过优质的生态环境成功吸引大量跨国公司，如国际商业机器公司（IBM）、埃森哲、陶氏化学公司、德州仪器、英飞凌科技公司、思科、北电网络等知名企业。其中，信息通信相关企业数量占比高达80%，有300多家著名信息技术（IT）公司的总部坐落于此。索菲亚科技城也在积极推进国际合作，与中国、突尼斯、摩洛哥、以色列、埃及、韩国、印度等均有合作协议。

二是持续提升科技配套服务水平。结合科技企业的发展需求，索菲亚科技城积极引入风投基金、咨询顾问公司、律师事务所等商业服务机构。

3.“有知识＋有温度”的主体创新招引

索菲亚科技城启动初期曾面临产业基础薄弱、招商困难、人才缺乏等发展瓶颈，但通过持续改善运营机制、完善配套服务等措施成功突破瓶颈，目前已形成以企业、研究机构、大学、培训机构为支柱的产业体系。

一是让有知识的人留下来。用优质的生态环境、丰富的文化活动、完善的生活配套服务等方式留人，吸引优秀青年前来学习、研究与创业。招引并建设大学、科研机构、培训中心等进行人才培养，打造高科技人才队伍。索菲亚科技城现已发展为一个具有广泛影响力的品牌，在此创业的人们对其有归属感，以“索菲亚人”自称。

二是让有知识的企业留下来。用高水平的科技人才、基础设施、研发机构吸引企业入驻，引入欧洲创新技术研究所、法国国家信息与自动化研究所、法国国家科学研究中心、尼斯大学等优质机构。

三是让有知识的企业成长起来。建立高质量的企业孵化器、企业服务中心、风投基金、交流中心等服务机构，提供初创企业、创新型企业成长所需的一切服务。注重科技成果转化，设立科技成果转化中心，通过专家指导、定制支持、网络服务等措施，推动科技成果转化。

第六章　生态共富的重大项目驱动模式研究

重大项目是地方经济发展的重要引擎，项目的谋划、建设、落地及其后续运营都对区域经济发展起到非常重要的作用。以能源、水利、交通等领域项目为代表的一批重大项目一般坐落于生态良好地区。一方面重大项目利用了区域的良好生态资源，另一方面重大项目带来的高能级平台也为这些区域提供了重要发展机遇。生态共富的重大项目驱动模式（以下简称"重大项目驱动模式"）以重大项目为核心驱动，促进区域内资本良性运作、产业绿色转型、配套提升完善和区域协调发展。浙江省在能源、水利、交通等重大项目的谋划推动上不断探索创新，已逐步形成了三种生态共富模式路径：以能源重大项目为主导的能源＋生态（EE）模式，通过能源与生态协同发展破解多项难题；以水利重大项目为主导的水利＋生态（WE）模式，统筹项目公益性与生态产业经营性以带动区域发展；以交通重大项目为主导的交通＋生态（TE）模式，推动交通设施沿线交旅与交能融合发展。

一、重大项目特点

重大项目驱动模式主要聚焦位于生态良好地区的能源、水利、交通等重大项目。这些重大项目普遍存在投资体量大、要素需求多、建设周期长、综合运营难、辐射带动强等特点。

（一）投资体量大

一是资金需求大。重大项目需要有大量的资金投入才能建设和运营，这些资金不仅用于购买土地、建设厂房和购置相关设备等硬件投入，还用于技术产品研发、市场开拓、人员培训等软件投入。例如，位于苍南县的三澳核电项目，规划建设 6 台核电机组，总装机约 720 万千瓦，总投资高达 1200 亿元。

二是技术复杂度高。重大项目往往涉及先进技术和复杂工艺流程，需要投入大量的时间和资金进行研发和创新。例如，三澳核电二期工程 3 号、4 号机组将采用中国具有自主知识产权的三代核电技术——"华龙一号"，该技术已经达到国际领先水平。

三是影响范围广。重大项目通常具有广泛的社会影响和经济影响，不仅关系到地区经济发展，还直接影响人民群众的生活质量和幸福感。例如，交通、能源、水利等基础设施建设项目，可以改善人民群众的生活条件。

（二）要素需求多

一是用地用海要素需求多。由于项目产能或设备规模等的需求，特别是重型设备对场地条件有特殊要求，因为开展重大项目前往往需要准备好充足的安装空间、特定的地基条件及安全防护区域。例如，国电象山 1# 海上风电（二期）工程位于象山南田岛东南海域，风电场总面积约为 58.9 平方千米，总装机容量为 504 兆瓦。

二是政策处理难。对于部分重大项目，特别是线性工程项目，由于其建设过程涉及面广、涉及主体多，在项目落地过程中谈判难度大，因此通常需要政府的支持和引导。此外，部分能源重大项目有"邻避效应"，这就既需要地方政府的支持和引导，也需要企业为地方考虑。可通过制造就业岗位、增加税收贡献、带动投资、培养配套产业等方式，变"邻避效应"为"邻利效应"，实现企地融合发展。

（三）建设周期长

一是审批流程长。风电、核电等能源类重大项目，由于其技术复杂度高、工程规模大，因此建设周期较长，且需要经过严格的审批程序和系统的规划流程。例如，大唐浙江临海 1 号海上风电项目，象山 3#、4#、5#、6# 海上风电项目等，从项目核准到实际并网，往往需要数年时间。

二是配套基础设施建设时间长。重大项目的落地和实施离不开配套基础设施的支撑，配套基础设施的完善程度直接影响项目的建设周期。因此，在重大项目落地之前，往往需要投入大量资金和资源进行配套基础设施的建设和升级。例如，核电等项目建设需要开辟专门的运输通道，部分海岛核电项目还会涉及海底隧道的建设等。

三是配套产业导入培育时间长。重大项目的建设和运营往往需要配套产业的支持，包括原材料供应、设备制造、技术研发等多个领域。在重大项目落地之前，往往需要花费大量时间和精力进行配套产业的导入和培育工作。例如，风电项目的设备优化设计与智能运维系统开发等关键环节，必须经过充分的试验和验证才能应用于实际项目中。

（四）综合运营难

一是限制条件多。重大项目多选址于生态环境良好的区域，落地过程中涉及空间规划调整、土地指标占补平衡等问题，产业项目还可能受到能源"双控"政策的限制影响。项目落地处因不属于既定的重点开发区域，往往面临着较多约束。例如，浙江镜岭水库工程建设征地涉及绍兴市柯桥区、越城区、嵊州市、新昌县及金华市磐安县等多个县（市、区），工程永久征地总面积达 14119 亩，项目开展前期进行了大量的空间规划调整和土地指标占补平衡工作。

二是项目运营要求高。重大项目往往伴随着配套的特色产业园区的建设和运营。然而，部分产业园区的运营管理并非项目投资主体的主营业务，这就需要项目投资主体具备多元化的能力和资源、专业的运营团队和丰富的经验，以实现项目综合效益的最大化。这对重大项目的谋划、建设和运营提出了较高要求。

（五）辐射带动强

一是关联产业多。重大项目的建设往往能够带动一系列相关产业的发展，形成产业链协同效应。以嘉兴为例，嘉兴海上风电项目不仅带动了风电设备的制造、安装与维护，还促进了材料供应、物流运输等相关产业的发展。嘉兴已吸引多家风电设备制造企业入驻，形成风电产业链。海盐秦山核电、苍南三澳核电等项目都已培育出以核电关联产业为特色的海盐核电小镇和苍南绿能小镇。丽水市依托抽水蓄能项目带动钢材、泵阀等关联产业发展。

二是项目载体融合度高。重大项目作为区域发展的核心载体，通过与相关产业领域的深度融合，可有效推动区域经济社会的全面发展。以杭黄高铁带动交旅融合为例，高铁线路串联富春江、千岛湖、黄山等风景名胜区，带动了沿线地区的旅游发展，形成了文旅产业集聚区。再如，宁波舟山港的交能融合，通过建设风电场、光伏发电站等可再生能源设施，实现交通与能源的深度融合。

三是经济带动效果好。重大项目的建设往往能够直接给地方带来投资、税收增长和就业岗位增加等利好。

二、能源重大项目驱动EE模式路径与典型案例

EE模式（见图6-1）是围绕能源重大项目实施的创新性区域综合开发模式，着力推动能源重大项目和选址区域融合发展，注重推进生态优势与经济优势的双向转化，推动项目落地难、生态融资难、产业发展难、农民共富难"四大难题"（见专栏6-1）的破解。其本质是以生态化和零碳化开发为导向、以能源重大项目为基础、以低碳产业为核心、以生态保护为支撑、以制度创新为支点的区域综合开发模式。

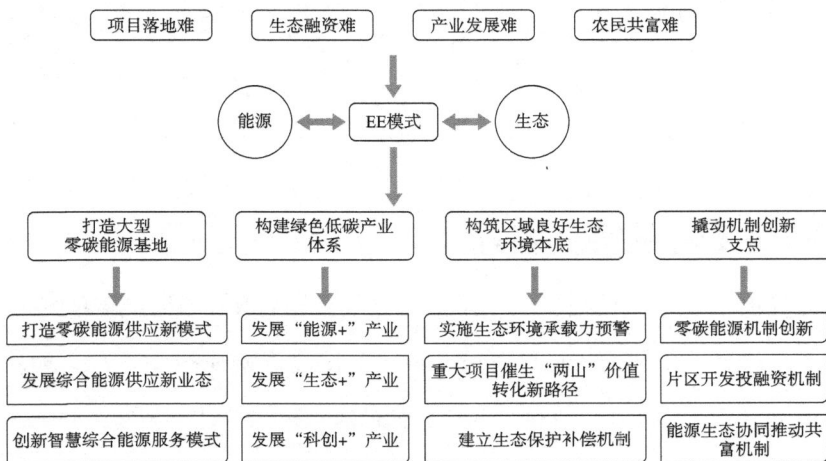

图6-1　EE模式路径

资料来源：笔者绘制。

专栏 6-1 EE 模式破解的"四大难题"

第一，破解项目落地难。核能、水能、抽水蓄能、生物质能、风电、光伏等能源项目，在落地实施过程中面临着不同程度的困难和压力，地方政府和选址区域的原住民也往往有其自身的利益诉求。EE模式推动重大项目与地方融合发展，助力能源重大项目顺利落地。

第二，破解生态融资难。长期以来，生态保护修复领域一直以政府投入为主，在防范金融风险、化解地方债务等政策环境下，传统的政府投融资模式难以为继，这一现象在产业方面表现为生态保护修复的潜在市场价值无法有效转化为现实需求。EE模式将公益性项目与经营性产业项目进行统筹融合。从经济学角度分析，EE模式体现了将生态项目创造的环境正外部性予以内部化的发展规律，有助于促进社会资本参与生态建设。

第三，破解产业发展难。当前，生态良好的偏远地区、乡村地区面临着发展路径不明晰的问题，缺乏优势产业支撑。同时，受到空间、能耗、人才、资金等要素的制约，优良的生态环境难以转化为经济增长动能，区域发展缺乏自我造血功能。EE模式以前期的系统谋划为引领，统筹生态保护、产业发展、要素供给、制度保障，是推进生态环境良好、经济相对欠发达地区加快崛起的重要抓手。

第四，破解农民共富难。"三农"问题是关乎国计民生的重大问题，也是浙江省高质量发展建设共同富裕示范区的关键所在。EE模式的能源重大项目往往选址于城镇化程度较低的农村地区，这类项目不仅能为当地农民带来财产性收入、经营性收益和就业机会，还能实现生态富民、生态利民、生态惠民，为推进共同富裕筑牢"生态支撑"。

（一）EE 模式路径

1. 打造大型零碳能源基地

打造大型零碳能源基地绝非单一能源品类的物理叠加，而是能源系统与社会经济深度融合的系统性重构，需要构建"技术革新—业态升级—服务迭代"三位一体的战略体系。首先通过零碳能源供应新模式来丰富能源供给结构，继而以综合能源供应新业态突破传统能源系统天花板，最终依托智慧综合能源服务模式实现能源价值并推动区域经济发展。

一是打造零碳能源供应新模式。构建以核能为基础的零碳能源供应体系，供应电、冷、热、氢、除盐水、压缩空气等多种能源和介质，形成集风电、光伏、核能、储能等于一体的"零碳·智慧·综合"能源供应新模式。

二是发展综合能源供应新业态。源网荷储一体化和多能互补发展是实现电力系统高质量发展的客观需要。EE 模式通过优化整合本地电源侧、电网侧、负荷侧资源，利用冷热电三联供、储能（电、热、冷）等技术手段，以先进技术突破和体制机制创新为支撑，探索构建源网荷储高度融合的新型电力系统发展路径。建设增量配电网，优化营商环境，鼓励地方政府和社会资本合作，以特许经营等方式开展增量配电网建设和运营，鼓励可再生能源电力项目就近向园区内企业供电，为园区企业提供绿色低碳能源。

三是创新智慧综合能源服务模式。将能源区块链技术应用于分布式能源交易、绿色资产数字化、供应链金融、碳市场交易、电动汽车充电及结算等场景，进行可再生能源消费的溯源和认证。以通证为基础的流通和激励机制可以直接或间接地把低碳或零碳发电、储能、电动汽车、绿氢等能源资源高效地进行分配和协调，安全便捷地将分布式能源纳入电网平衡过程，发展"虚拟电厂"，提高电网利用率和可再生能源使用比例。

2. 构建绿色低碳产业体系

能源重大项目的战略价值不仅在于其物理属性的输出，更在于其作为区域经济转型"能量枢纽"的系统性价值，能够重构生产要素配置的底层逻辑。具体而言，依托能源重大项目形成的能量枢纽，发挥能源重大项目对于上下游产业链的辐射带动效应来发展"能源+"产业；依托项目所在地的良好生态，发展"生态+"产业；发挥"有风景的地方就有新经济"的优势，发展"科创+"产业。

一是发展"能源+"产业。重点发展能源装备制造产业及综合能源服务产业。在核能装备制造方面，发展反应堆压力容器、蒸汽发生器、堆内构件、核主泵等核岛主设备，以及容器和换热器类设备等核岛辅助设备。在风电装备制造方面，依托风电重大项目加强风机零部件制造、风机整机制造，其中风机零部件包括齿轮箱、电机、叶片、电线电缆、电控系统、变压器、轴承、电力电子元件等。在光伏装备制造方面，发展光伏发电核心部件及光伏专用设备、光伏发电系统集成等。在综合能源服务业方面，重点发展分布式太阳能、分散式风电、生物质能、天然气分布式能源等各类分布式能源的开发与供应服务，从传统的单一供气、供油、供电服务向气、油、电、氢等综合供应服务发展。

二是发展"生态+"产业。充分发挥区域生态资源优势，建立健全以产业生态化和生态产业化为主体的生态经济体系。在生态农业方面，充分发挥区域湖泊、水库、森林、草原等生态资源优势，创新林下经济、农林复合经营等模式，推进生态种养；发展具有区域特色的农（林）特产品初加工和精深加工以延伸产业链；推广海水立体综合养殖，构建以浅海贝藻养殖为载体的海洋碳汇渔业。在生态旅游业方面，在保护生态环境的前提下进行适度开发，打造多元化的生态旅游产品。推进生态与旅游、教育、文化、康养等产业深度融合，促进"产、学、研、游"融合发展，助推生态产品价值实现。

三是发展"科创＋"产业。深化产业与数字经济的融合发展，重点发展数字经济产业。推动产业数字化转型与数字产业化发展，加强5G、大数据、云计算、人工智能、物联网、区块链等技术的集成应用和创新，丰富和拓展数字化应用场景。

3. 构筑区域良好生态环境本底

能源重大项目的生态价值不应局限于污染防治的末端治理思维，而应提升至生态系统服务功能的全局维度。构筑区域良好生态环境本底可以从"环境预警—'两山'转化—生态补偿"的治理闭环入手，让能源基地从传统意义上的资源输出地升级为生态产品供给的新型价值实践地。

一是实施生态环境承载力预警。能源重大项目所在区域往往面临生态敏感性与开发强度的结构性矛盾，生态环境承载力预警通过量化生态红线与能源产出的动态平衡，来破解"开发即破坏"的传统路径依赖。针对待开发区域，利用生态足迹法、净初级生产力人类占用法、状态空间法、综合评价法、系统模型法、生态系统服务功能评估法等方法，科学评估该区域生态环境承载力，即区域生态环境系统所能承受的人类活动的阈值。基于当地生态环境监测情况，定期或实时测算区域生态环境承载力。建立动态预警机制，以及时调控区域人类活动，尤其是经济活动，避免过度开发利用给生态环境带来的损害。以上方法是保障区域生态环境质量不降低的有效手段。

二是重大项目催生"两山"价值转化新路径。能源重大项目的生态实践催生了"两山"价值转化的新路径。依托光伏项目在山林中构建绿电网络，通过植被修复工程将戈壁资源转化为碳汇资产。在废弃矿区实施"光伏+生态"模式实现区域焕活新生，土地整治产生的溢价收益反哺城乡基础设施以提质升级。依托水风光储基地在生态良好地区的建设，当地生态环境得到系统治理提升，形成生态廊道并孕育出高端文旅IP。这种生态增值的融合效应，实质是通过能源重大项目来修复提升生态本底，通过碳汇交易、生态认证、文旅开发等多元路径形成经济增量。

三是建立生态保护补偿机制。能源重大项目的实施通常伴随着区域生态环境的显著变化，包括土地利用格局的调整、水文条件的改变及对生物多样性的潜在影响。在这些项目实施的过程中，生态保护补偿机制是平衡发展与生态的关键。科学评估生态影响，建立补偿标准和分配机制，可以有效缓解项目对生态环境造成的压力，并为受影响区域提供合理的经济补偿和可持续发展机会。在此基础上，拓宽生态富民路径，如发展生态旅游、绿色农业和可再生能源等项目，将生态优势转化为经济收益，实现区域经济与生态环境的协同发展。

4. 撬动机制创新支点

要实现能源重大项目对区域发展的有效带动，必须通过机制创新来破解制约区域开发的关键节点。聚焦零碳能源机制创新，着力打破传统电力体制的路径锁定；聚焦片区开发投融资机制，丰富金融要素集聚的路径；聚焦能源生态协同推动共富机制，打通"能源资源"向"生态共富"的转化通道。

聚焦零碳能源机制创新。零碳能源机制创新是推动区域向低碳甚至零碳方向发展的关键。

第一，绿电直供。绿电直供的核心在于构建新型能源供应体系。通过建设"新能源专线"，直接将光伏、风电等绿色能源输送到终端用户，这不仅减少了中间环节的能源损耗，还提升了能源供应的稳定性和可靠性。绿电直供机制的创新也为破解片区开发中的能源问题提供了新思路。在传统能源供应模式下，高碳排放、能源成本高等问题常常制约着区域经济发展。绿电直供不仅可以实现区域内能源的自给自足，还能通过绿色能源的外输为区域经济注入新的增长动力。同时，绿电直供也为区域实现共同富裕提供了坚固支撑，例如，通过建立绿色能源共享机制，让区域内的企业和居民共享绿色能源发展红利。

第二，源网荷储。源网荷储模式的核心在于通过技术创新实现能源系统的智能化、协同化运行。在电源侧，通过风光储多能互补技术，提升可再生能源的稳定性和可调节性；在电网侧，通过柔性直流输电和智能调度技术，实现能源的高效传输与灵活调配；在负荷侧，通过需求侧响应技术，引导用户参与电网调节，形成"可调负荷"资源；在储能侧，通过建设大规模电池储能或抽水蓄能电站，实现能源的灵活存储与释放。在片区开发中，通过实施源网荷储一体化项目，可以实现区域内能源的高效利用，降低企业用能成本，有效提升区域经济竞争力。

第三，绿电绿证。在以能源重大项目为导向的片区开发中，通过推广绿电绿证交易，能够引导企业提升绿色能源消费占比，降低碳排放强度，进而提升区域经济的绿色竞争力。同时，绿电绿证模式也为区域电网的稳定运行提供了重要支撑，为区域经济的高质量发展提供了可靠能源保障。片区应积极对接国家绿证制度和国际绿证体系，研究构建绿证消费与碳排放量、能耗的抵扣机制。鼓励企业进行绿证认购，积极开拓绿证在绿色生产、绿色消费、国际贸易领域中的应用场景。

聚焦片区开发投融资机制。片区开发投融资机制是破解资金制约问题、吸引多元投资的重要手段，通过创新融资模式和风险分担机制，可以有效撬动社会资本，确保重大项目顺利实施。

第一，企业与政府的事权和财权划分是片区开发投融资机制的关键。企业作为投资主体，需要在项目规划、建设和运营中发挥主导作用，地方政府则需要在土地资源、政策支持、基础设施配套等方面提供保障。通过构建政企协同机制，可以实现资源的优化配置和利益的合理分配，为项目全生命周期提供制度保障。例如，采取一二级联动模式，企业通过产业导入（如科技园、物流园等）或"带方案挂牌"方式，在参与一级开发时提前锁定二级开发权，通过整合土地开发与产业功能，实现项目自平衡。政府负责总体规划、土地调规、征拆协调等工作，企业承担投融资、建设及运营职能，通过权责明确的分工协作机制实现双方的互利共赢。

第二，政策性银行资金支持是片区开发的重要资金来源。政策性银行如国家开发银行、中国农业发展银行等，可以通过专项贷款、EOD模式等方式，为片区开发提供长期、低成本的资金支持。例如，EOD模式将生态环境治理与片区开发相结合，通过生态修复和绿色产业导入来提升区域的经济价值，进而实现项目的自我造血功能。

第三，地方政府专项债券是片区开发的重要融资工具。通过发行地方政府专项债券，可以将片区开发项目纳入政府性基金预算管理体系，为项目实施提供长期稳定的资金来源。例如，地方政府可以将片区开发项目中的基础设施建设、公共服务设施配套建设等内容打包立项，申请专项债券资金支持。同时，地方政府还可以通过"专项债券＋市场化融资"的方式，引导社会资本参与片区开发，进一步扩大资金来源渠道。

第四，市场化融资工具的创新是片区开发投融资机制的重要补充。例如，可以通过设立产业投资基金、发行绿色债券等方式，吸引社会资本参与片区开发。可以针对片区开发项目中的绿色能源、生态环境治理等领域进行定向融资，这既符合国家"双碳"战略目标，又能为项目提供低成本资金支持。同时，通过引入融资租赁、资产证券化等金融工具，来提升片区开发项目的资产流动性，进一步优化资金使用效率。

聚焦能源生态协同推动共富机制。能源生态协同推动共富机制强调了能源发展与生态保护、共同富裕的协同效应，通过机制创新，可实现区域内经济、社会与环境的协调发展，促进区域整体繁荣。以能源重大项目为依托，充分发挥示范带动作用，一方面通过招引产业链上下游企业来有效带动周边区域就业增长，另一方面依托项目带来的交通等配套基础设施的建设来提升区域的对外联通水平，为共富提供基础保障。创新设立零碳园区两山合作社，以能源资源为主体、生态资源为补充，建设特色生态产业平台，拓宽生态产品价值的转化路径，探索"生态 +"发展模式。

（二）象山零碳产业园典型案例介绍

象山零碳产业园地处宁波市象山县。象山县是宁波市相对欠发达的两个县之一，而零碳产业园所在的南田岛又是象山县的经济相对落后区域，亟待以重大项目驱动来实现共富。南田岛生态资源禀赋优越，具备 10 万吨级码头建设条件，北面石浦港区口岸已正式开放，中部红卫塘片区面积近万亩。南田岛清洁能源丰富，周边 210 万千瓦的海上风电、720 万千瓦的核电项目正加紧推进，核电温排水区及风光同场海上光伏项目潜力巨大。南田岛产业基础良好，南田岛片区的临港装备、船舶建造等产业已形成一定规模，能有效承接支撑重大产业项目。自 2021 年以来，南田岛谋划构建基于大型零碳能源设施和绿电直购机制的"引领型"零碳产业平台，形成以"核能 + 风光"为驱动力、以良好生态为辨识度的共富发展模式，打造南田风光核储氢一体化能源岛。2023 年南田岛实现规上企业工业产值达 32.7 亿元，同比增加 41%，财税收入同比增长 63.8%，生产总值、固定资产投资等重要指标均实现跨越式增长。南田岛依托能源重大项目，构建以核能为基础的能源开发载体，打造以"能源 +"产业为特色的产业抓手，严格落实生态保护目标要求，探索能源与生态协同推动共富的体制创新，逐步走出一条 EE 模式的区域综合开发特色之路。其主要做法和成效如下。

一是做深零碳能源，建设零碳智慧能源示范基地。以"风光核储氢"为基础打造千万千瓦级零碳能源生产供应基地，配套建设电网、热网等基础设施网络，推进能源供给侧和需求侧深入融合，构建基于"源网荷储"的零碳综合智慧能源供应体系。聚力打造象山 1# 海上风电场、长大涂滩涂光伏等一批新能源项目，目前象山县清洁能源装机容量超 100 万千瓦，居全省第二。推动核电项目配套交通、码头等基础设施先行建设，为核电站主体工程开工建设做好支撑保障。

二是做强能源产业，推动低（零）碳产业集聚。积极推动风电、光伏等绿色新能源产业发展，产品覆盖风电轮毂、机舱罩、叶片、变流器及光伏逆变器等新能源领域的核心零部件。在此过程中，涌现出锦浪科技股份有限公司（以下简称"锦浪科技"）、宁波日星铸业有限公司（以下简称"日星铸业"）等一批行业领军企业。其中，锦浪科技的光伏逆变器产品出货量稳居全球前三，日星铸业则发展成为国内规模最大的风电铸件生产基地。同时，充分发挥船舶、中船、国电三大支柱产业的引领效能，依托周边港区的独特优势，深入拓展"零碳"产业腹地，致力于构建完善的新能源产业集群。中船海上风电智能化装备产业园项目成功落地象山鹤浦镇。

三是做优生态本底，激活海洋生态共富蓝色引擎。加大近岸海域污染治理力度，针对入海河流制定"一河一策"精准治理方案，并实施月度监测机制，累计整治排污企业达 193 家。同步推进生态修复工程，借助 2023 年海洋生态保护修复项目所获得的 4 亿元中央财政资金支持，规划完成岸线修复 76 千米、海岸带整治修复面积 17.4 平方千米，治理互花米草 15.74 平方千米，推进海堤生态化建设 17.67 千米，并种植盐沼植被 0.45 平方千米。这些举措有效应对了海湾外来物种入侵、生物多样性下降、海堤防灾与生态功能薄弱等生态问题，显著改善了滨海湿地的生态功能，提升了生态系统质量，促进了生物多样性的恢复，并增强了生态减灾的综合能力。同时，激活海洋生态共富的"蓝色引擎"，将清洁能源开发与碳汇交易作为蓝碳经济发展的核心路径，推动海洋生态资源向经济资本转化。为提升碳"储"能力，依托生态养殖优势，大力发展坛紫菜、海带、牡蛎等碳汇渔业。值得一提的是，2023 年 2 月，我国首次以拍卖的形式成功交易蓝碳，西沪港一年的碳汇量 2340 吨以 24.8 万元的价格成交，为蓝碳经济开辟了新的市场路径。

四是创新体制机制，积极探索能源与生态协同开发。能源方面，依托现有涂茨海上风电、屋顶光伏及后续象山 3# 海上风电等项目，在仁义涂区块建设海上风电汇集站，通过绿电直供满足园区企业绿色转型需求。生态方面，依托环石浦港 EOD 项目，推进生态旅游产业快速发展，反哺带动海岛生态系统保护修复，先行探索以"海上两山"为特色的"海岛—海港"型 EOD 模式。深入推进养殖用海海域三权分置、农村宅基地三权分置改革，探索实施"五票"集成改革，谋划推进海岛未来乡村新场景建设，着力打造一批具有海岛共富特色的标志性改革成果。开展海洋碳汇机制研究，将海洋渔业养殖与海洋碳汇有机融合，以渔业碳汇交易为契机，积极开拓蓝碳应用场景。2024 年象山县依托宁波产权交易中心、厦门产权交易中心设立全国首个跨省共建的蓝碳生态碳账户，完成全省首例"蓝碳＋产

权 + 司法"交易。

三、水利重大项目驱动WE模式路径与典型案例

WE 模式（见图 6-2）是一种以水利重大项目建设为依托，通过水生态产业协同发展带动区域生态共富的开发模式。WE 模式以改善水生态环境或提升水安全保障能力为目标，以绿色生态资源和优良水环境为基底，以生态关联产业经营为支撑，通过项目多元融资等模式，实现全要素资源统筹一体化的创新型区域发展模式。WE 模式通过打造良好的水生态环境基底实现资源增值，通过生态关联产业融合发展实现项目打包，通过项目多元融资模式实现资本导入，通过一体化综合开发运营实现收益反哺，通过水利项目可持续运行实现良性循环，最终通过水环境与水安全保障来实现引领约束。WE 模式是一种兼顾生态效益、经济效益和社会效益的水生态与水资源循环开发模式。

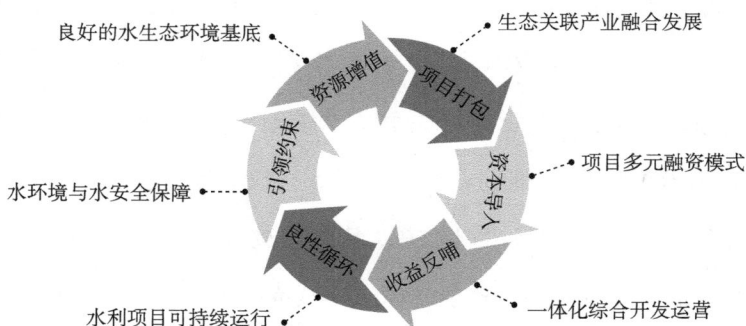

图6-2　WE模式路径

资料来源：笔者绘制。

（一）WE 模式路径

1. 构筑良好的水生态环境基底

推进污染源头控制与综合治理，实施点源与面源污染综合治理。点源控污方面，建设污水处理设施；面源控污方面，推广化肥农药减量、绿肥种植及绿色防控等技术。对水库、河道等内源污染进行定期清理，定期疏浚河道、清淤水库，清除富营养化物质，修复消落带，建设生态缓冲带。实施生态修复与景观提升相关项目，推动生态护岸与湿地建设，采用生态材料修复河道岸线，增强水生态环境自净能力，推广水生植被与生物多样性恢复，构建"水下森林"以吸附污染物并促进生态平衡。

2. 推动生态关联产业融合发展

一是推动河道、荒滩等水生态修复项目与生态农文旅、可再生能源融合发展。通过开展针对河道、荒滩荒地等要素的综合水生态整治与修复工程，同步推进水土保持及土地整治工作，在确保行洪安全与水生态环境不受破坏的基础上，积极培育水上高尔夫运动、特色种植养殖业和可再生能源产业等适宜业态。

二是推动水源地保护与水敏感型产业融合发展。强化区域内水源地的水资源保护力度，引导周边村庄实施农业面源污染防控措施，减少化肥、农药使用量及污染物排放，逐步恢复水源地周边的优质生态环境，进而提升水资源的生态调节功能与文化服务价值，优化区域整体发展环境。此举将为水源保护地外围区域的绿色有机农产品、食品饮料、酿酒产业及滨水康养等水敏感型产业集群的生态化开发与运营提供有力支撑。

三是推动农村水利与生态农文旅融合发展。依托农村饮水安全工程、水利风景区建设及水利遗产保护等项目，深度挖掘区域中自然、农业与人文资源潜力，发展高附加值的生态"种养加"一体化产业。通过整合当地自然景观、历史文化资源，推动水利遗产、水文化、农耕文化与生态旅游、康养休闲产业的深度融合，实现水生态产品产业链的延伸、价值链的完善及产业竞争力的全面提升。

3. 深化项目多元融资模式

一是中央资金支持。充分运用与水资源、水环境相关的中央预算内的政策性资金支持，将资金重点投向流域水环境综合治理、生态保护修复及污染治理等领域，为 WE 模式项目提供低成本、长期限的资金支持。对公益性强的水利工程，政府也可通过资本金注入、投资补助等方式降低社会资本投资压力。

二是政策性金融与社会资本合作。用好专项债券工具，国务院明确将水利纳入地方政府专项债券"正面清单"，允许将专项债券用作项目资本金的比例由 25% 提升至 30%，通过扩大资本金规模来增强项目融资能力。引导开发性金融机构进行定向支持，推动国家开发银行等的参与，将低收益水利项目与高收益经营性项目（如新能源设施建设、土地综合开发）打包，提升项目吸引力。由政策性银行提供大额、中长期、低成本的开发性贷款，支持 WE 模式项目整体打包实施，缓解资金周转压力。

三是创新金融工具。探索水利基础设施 REITs，盘活存量水利资产（如水库、灌区），提升资产流动性，吸引社会资本参与运营。发行绿色债券募集资金，用于支持水生态修复、节水工程等符合环境、社会和公司治理（ESG）标准的项目，引导注重可持续价值的机构进行投资。通过推进水权确权登记、建立水权交易市场，结合生态系统生产总值（GEP）的核算，构建横向生态补偿机制，将水资源节约产生的收益转化为项目现金流。

4. 推动一体化综合开发运营

一是推动运营前置。运营前置的核心在于从规划阶段就开始考虑运营管理和收益实现，确保项目在建成后能够高效运行，为片区发展带来持续动力。将运营思维融入规划和设计的全过程，制定科学的运营方案，引入社会资本和数字化技术，全面提升项目的经济效益和社会效益。

二是整体包装项目运营。WE 模式项目通过整合关联产业资源，将原本各自独立、缺乏盈利能力的非经营性或准经营性水环境治理、水安全保障等项目，转化为具备合理收益的经营性项目。该类项目借助水资源的价值挖掘及水安全保障能力的提升，来提升产品品质，进而实现产品增值与溢价。在此过程中，水环境改善与安全保障条件被视为产业开发的关键投入要素，可通过此举提前锁定关联产业未来的增值空间。同时，构建开发项目对水安全保障工程的收益回馈机制，确保项目间的良性互动与可持续发展。

一体化综合开发运营的核心特征如下：单一市场主体运作，由单一市场主体或多个主体组成的联合体共同设立 WE 模式项目公司，它作为项目的主导方，负责项目的整体统筹与推进；项目整合打包，将项目的各项建设内容整合为一个项目包进行整体实施，并从全局角度对 WE 模式项目的成本与收益进行综合评估；全流程一体化管理，WE 模式项目需进行全局性的策划与统一的规划设计，确保投资、建设与运营环节的无缝衔接与一体化执行。

5. 打造水环境与水安全保障

以绿色生态资源和优良水环境为基底，构建健康的水生态系统，同步提升水资源供给保障和防洪减灾能力。围绕防洪安全、优质水资源和宜居水环境等方面，结合增值的关联产业（如旅游、房地产等），用产业收益反哺水环境治理，形成"以水促产、以产护水"的良性机制。

6. 保障水利项目可持续运行

将水利项目与关联产业（如土地开发、水岸经济培育等）打包交由单一市场主体去实施，产业收益（如土地溢价、税收等）直接反哺水利建设和维护等项目。以上措施有效破解"肥瘦不均"问题，形成"投资—收益—再投资"的良性循环，保障水利项目可持续运行。

（二）新昌县水土保持项目推动生态共富典型案例

新昌县高度重视水土保持工作，始终坚持山水林田湖草一体化保护与治理，在浙江省率先探索水土流失治理的设计采购施工总承包（EPC）建管模式，建成了全省第一个县级水土保持数字监管平台，连续 6 年水土保持目标责任制考核全市第一，先后荣获"国家水土保持示范县""全国水土保持工作先进集体""国家水土保持示范工程"三项国字号荣誉。自"十三五"以来，新昌县先后实施钦寸水库水源地水土流失综合治理等多个治理项目，总投资超 1 亿元。在前期水土流失预防和治理卓有成效的基础上，新昌县积极探索水土保持生态产品价值实现路径。2024 年 8 月 23日，新昌县生态清洁小流域"水保共富贷"在浙江签约。新昌农商银行向生态清洁小流域所在的新昌县羽林街道、沃洲镇等 6 个乡镇（街道）颁发了首批 5 亿元的水土保持绿色金融授信，并向企业代表颁发了二级授信。资金主要用于水土流失治理和区域共富，其中不低于 4 亿元的资金用于生态环境保护与治理，其余资金用于乡村特色产业培育发展。其主要做法和成效如下。

一是积极推进，强化生态清洁小流域治理和优质生态产品培育。自2014 年以来，在"两山"理论的引领下，新昌县结合"千万工程""五水共治"，科学推进水土流失综合治理，先后实施新昌县钦寸水库水源地水土流失综合治理工程等 4 个生态清洁小流域建设工程。通过实施水土流失预防和治理措施，水土流失治理度达 85% 以上，有效巩固和提升了水土保持生态产品供给能力，助推实现"山青、水净、村美、民富"目标。

二是探索创新，开展水土保持生态产品价值核算基础研究。以小流域为单元，组织编制水土保持生态产品培育目录清单，构建水土保持生态产品价值评估体系，结合相关技术规范和标准体系，建立核算模型，核算出钦寸水库水源地水土流失综合治理工程等 4 个生态清洁小流域建设工程的碳汇、生态产品功能量及价值量。经专家论证，生态清洁小流域建设工程涉及的 17 条生态清洁小流域的水土保持碳汇量约为 40.24 万吨，生态产品价值约为 11.39 亿元。系统评估水土流失治理成效。通过水土流失治理成本效益分析，新昌县治理水土流失面积达 85.62 平方千米，水土流失治理度达 85% 以上，年均减少土壤侵蚀量 11.80 万吨，涵蓄水量年均增长 227.86 万立方米，年均实现经济效益 1433.06 万元。生态系统水土保持功能得到了有效巩固和提升，为水土保持生态产品绿色金融的实现提供了有力支撑。

三是金融赋能，拓展水土保持生态产品价值实现路径。拓宽"两山"转化路径，探索开展水土保持生态产品价值实现的绿色金融路径，把资源变资产、资产变资本、资本变资金。以生态清洁小流域水土保持生态产品核算价值作为主要增信依据，通过"水保共富贷"的方式，新昌县获得新昌农商银行首批 5 亿元的授信贷款。分级分层授信实现绿色金融精准赋能。"水保共富贷"一级授信到生态清洁小流域所在的 6 个乡镇，助力推动水土保护项目做深做实；二级授信到生态清洁小流域内的农户、乡村旅游经营者、农业合作社等群体，有效缓解贷款难、利率高等问题，有力推动生态优势转化为经济优势，打造水土保持生态产品价值实现的新昌实践典范。

四、交通重大项目驱动TE模式路径与典型案例

TE 模式（见图 6-3）着重于促进生态环境保护与交通体系的高效协同构建，致力于推动交通重大项目与沿线区域的深度融合发展。该模式以生态开发为核心导向，将交通重大项目作为连接各区域的纽带，全面升级交通基础设施，通过优化交通网络，打造交旅融合与交能融合协同发展机制。

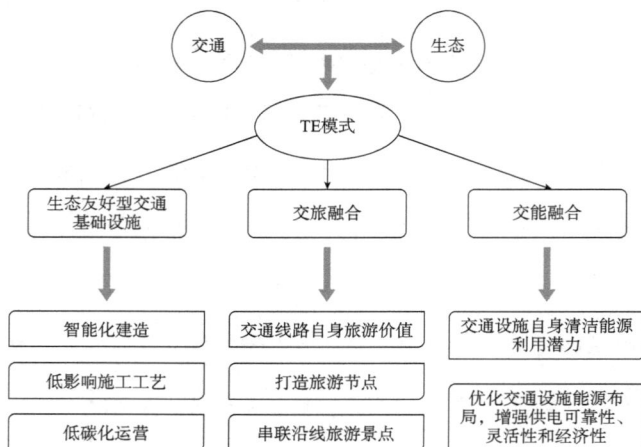

图6-3　TE模式路径

资料来源：笔者绘制。

一是交旅融合方面，丰富交通线路自身旅游价值，带动沿线旅游资源的深度开发，营造旅游节点，串联沿线旅游景点，提升旅游便利性，促进旅游业与交通的协同发展。

二是交能融合方面，充分发挥交通设施自身清洁能源利用潜力，在交通重大项目中引入能源优化技术，提升能源利用效率，在自产自用节约成本的前提下，电力上网获取收益，推动绿色交通发展，优化交通设施能源布局以增强供电可靠性、灵活性和经济性。

（一）WE 模式路径

1. 推动生态友好型交通基础设施建设

在建设交通重大项目的过程中，通过技术创新与生态设计，在保障交通功能的前提下，最大限度地降低项目对自然环境的影响。推动交通基础设施标准化、智能化、工业化建造，推广永临结合施工方案，推进建养一体化，降低项目全生命周期资源消耗。在项目设计施工中采取低影响施工工艺、模块化装配式技术、再生材料循环利用等绿色建造措施。强化生态保护意识，优先避让生态敏感区，确实无法避让的应采取严格的生态保护和污染防治措施。强化节约集约用地、保护耕地意识，积极推行节地技术和节地模式，将节地作为工程选址及建设方案甄选时要考虑的重要因素。推进以低碳为特征的绿色交通基础设施建设，建设港区、机场、公路服务区、交通枢纽场站等近零碳示范区，实施低碳化运营。

2. 丰富交通设施的文旅载体，实现交旅融合

交旅融合强调以多模式交通工具和交通服务为载体，强化交通站点、交通线路、交通网络与旅游资源、旅游产品的协同整合，从而形成多节点、全过程、便捷化的交通旅游新模式。一方面，充分发挥本身就是旅游景观和旅游产品的交通节点、交通线路的价值，打造特色化的旅游节点，如观景平台、游客服务中心、地方特色文化展示中心、生态农业体验园等；导入多元化的交通旅游体验活动，如休闲步道、汽车营地、旅游公路、景

观铁路、邮轮游艇、枢纽服务等休闲类、观光类、体验类和服务类的交通旅游融合促进的业态类型。另一方面，交通发展可提升旅游景点、旅游产品和旅游服务的连接性、可达性和机动性，从而带动交通线路沿线区域旅游产业的发展。

3. 提升交通设施清洁能源供给能力，推动交能融合

以多样化交通设施为平台，促进交通基础设施与清洁能源供应、能源网络的深度融合与协同优化，从而构建高效、绿色、可持续的交通能源新业态。一方面，挖掘交通设施自身清洁能源利用潜力，打造太阳能公路、风能车站、氢能公交、智能充电站、绿色枢纽等集能源生产、储存、供应于一体的交通能源融合新模式，推动形成新能源交通业态。另一方面，优化交通设施能源布局，增强清洁能源对交通网络的供电可靠性、灵活性和经济性，激发交通线路沿线区域清洁能源产业的发展活力，带动整个交通系统与能源系统的高效协同与绿色发展。

（二）苍南 168 黄金海岸典型案例介绍

苍南 168 黄金海岸旅游公路因沿着海岸线蜿蜒伸展，总里程约 168.8 千米而得名。其中公路全长 138 千米，起点始于炎亭镇崇家岙村，终点则位于苍南与福建省福鼎市沙埕镇的两省交界处。公路沿途贯通苍南县 7 个沿海乡镇，串联起大部分知名旅游景点。在公路建设过程中，苍南县高标准打造了 58 处网红打卡点、9 个观景平台驿站及 25 个停车场，并与甬莞高速、228 国道、326 省道等重要交通干线实现有机衔接，成为浙南闽北地区重要的交通枢纽和旅游生态公路，勾勒出"一路一景致""一站一风光"的全新休闲旅游画卷。随着自驾游的日益盛行，苍南县近两年积极整合 168 黄金海岸的交通与旅游资源，通过"1+1>2"的交旅融合模式，成

功推动"过路经济"向"过夜经济"转型升级。依托沿线的苍南三澳核电等能源项目，苍南县积极发展核电科普观光旅游，并以零碳能源探索绿电直供，推动沿线零碳产业发展，带动区域经济绿色转型。苍南 168 黄金海岸已成为苍南乃至浙江的文旅金名片，先后入选全国第一批旅游公路、省级特色精品道路、省级绿化美化精品道路等项目，并被列入浙江"十项重大工程"典型案例。其主要做法和成效如下。

一是强化生态修复与景观优化。开展沿海基干林带改造，以霞关段为例，通过景观节点营造、特色示范林建设、人工造林、补植改造和森林抚育五大措施，优化林分结构，提升森林质量和景观美感，构建兼具生态效益和景观效益的防护林体系。实施沙砾质海滩保护工程，针对海岸侵蚀和污染问题，采取沙滩养护、滨海植被栽植、人类活动管控等措施，促进旅游开发与环境保护的协调发展。对 34 个沙砾质海滩进行分类保护，其中 16 个重点开发沙滩通过建立综合管理体系实现可持续利用。

二是推动旅游开发与乡村振兴相结合。推进资源整合、加强线路设计，依托 168.8 千米海岸线串联的 31 个沙滩、84 个海岛及渔村古寨等资源，打造"苍南 168 黄金海岸自驾旅游线路"，该线路获评 2022 年"驾游中国"最受欢迎线路。深化品牌建设，加快打造公路沿线文旅品牌矩阵，引入年轻态生活场景，提振文旅产业，打造"全域、全季、全业态"的文旅标签。创造性规划国家级旅游度假区、生态海岸带等，开发旅游小程序，增设观光设施，提供特色美食，优化服务质量。同时，推进环海骑行步道等景观服务设施提升，已打造 58 个网红打卡地、多个交通观景平台驿站和露营基地、摄影基地，提振公路沿线旅游产业活力。

三是推进多元投融资与重大项目落地。当地成立专职攻坚专班，邀请国际知名机构对综合开发事项开展专题研究，高标准建设 28 个重点项目，

通过发行专项债券、引入社会资本等措施，实现总投资约 201 亿元，有 6
个项目在建或已建，包括投资 23 亿元的"炎亭—大渔旅游综合开发项目"、
投资 15 亿元的"霞关沛垒生态康养旅游度假区"等，目前已累计完成固
投 11.83 亿元，预计将带动沿线投资超 1600 亿元。规划动态监测与智能交
通管理平台，提升运营效率，推进半山半岛、海西游艇俱乐部等旅游项目
的实施，通过重大项目的落地来持续推动黄金海岸焕发活力。

第七章　生态共富的产权支撑机制

产权是市场经济的基础。在社会主义公有制下，生态资源资产基本属于国家和集体所有，但是存在所有权人不到位、权益不落实的问题。生态资源资产是实现生态共富的重要物质基础，健全其产权机制，是实现市场化配置、提高利用效率、促进价值实现的前提。通过机制创新，为山林、河湖、海域、滩涂、岸线、农房等生态资源资产插上"产权的翅膀"，实现"产有其主、主有其权、权有其责、责有其利"。

一、对产权机制的理解

"绿水青山"是生态资源资产的形象化概述。生态资源资产主要包括三类资产：一是山水林田湖草沙等自然资源资产；二是堰坝、绿道、房屋、建设用地等支撑区域保护开发的辅助要素资产；三是清洁的水源、清新的空气、碳汇、生态旅游等生态产品资产。其中，自然资源资产起到决定性作用，是生态资源资产的核心价值所在，另外两类资产均依附于自然资源资产，辅助要素资产是价值实现的重要支撑；生态产品资产是生态资源资产的细分品类，对满足市场需求、支撑精细化开发需要具有重要意义。通过制度建设，生态资源资产可以转变为货币或者财产，为所有者带来收益。

　　《中华人民共和国宪法》第九条规定："矿藏、水流、森林、山岭、草原、荒地、滩涂等自然资源，都属于国家所有，即全民所有；由法律规定属于集体所有的森林和山岭、草原、荒地、滩涂除外。"《中华人民共和国民法典》及《中华人民共和国森林法》《中华人民共和国草原法》《中华人民共和国水法》《中华人民共和国矿产资源法》《中华人民共和国海域使用管理法》等都明确了国家所有的自然资源，由国务院代表国家行使所有权。根据 2022 年 3 月中共中央办公厅、国务院办公厅印发的《全民所有自然资源资产所有权委托代理机制试点方案》，授权自然资源部统一履行全民所有自然资源资产所有者职责，部分职责由自然资源部直接履行，部分职责由自然资源部委托省级、市地级政府代理履行。自然资源部的"两统一"职责见专栏 7-1。建立委托代理机制是公有制下中国特色社会主义产权制度的创新，本质是通过治理结构的创新，实现自然资源资产的保值增值。

专栏 7-1　自然资源部的"两统一"职责

　　党中央赋予自然资源部"统一行使全民所有自然资源资产所有者职责，统一行使所有国土空间用途管制和生态保护修复职责"的"两统一"职责。其中第一个"统一"即所有者职责，包含了权能、权利、责任、义务等；第二个"统一"即监管者职责，包括规划、监管、修复、管制等，因此国家所有权兼具公权和私权的双重属性。全民所有自然资源资产所有权委托代理机制中，委托和代理行使的不只是"所有权"本身，包括"所有权"所对应的占用、使用、处分、收益等权能，还包括监管者职责。

（一）生态资源资产的特点

生态资源资产数量庞大、种类繁多、分布广泛，具有资产属性，同时又有显著的特点。其特点具体概括如下。

第一，整体性显著。生态资源资产集聚在同一国土空间之内，呈现生命共同体特征。资源要素间共生共存，对任意一种资源的开发，都会对其他资源资产产生影响，因此需要整体、系统、综合治理，这是由其内在属性决定的。

第二，兼具公益性和经济性。生态资源资产承载的功能使命兼具高度的公益性和显著的经济性，这是与一般资产的重要区别之一。它一端关系着人类福祉和公共利益，另一端联系着以收益为目的的财产性权利，因此产权建设的总体导向，要统筹兼顾其生态价值、社会价值和经济价值。

第三，兼有公权性和私权性。以全民所有自然资源资产为例，国家所有权不同于一般的所有权，其实质是一种具有公权性质的私权。由于其市场化实现和有偿使用制度形成较晚，作为私权的所有权界定不清晰，因此作为公权的监管权占主导地位，且"两权"行使主体往往高度一致，都是各级政府。

总体来看，生态资源资产的多重属性是其区别于一般资产的关键所在，这就决定了其产权建设具有目标多元性和管理复杂性的特点。

（二）生态资源资产的产权建设重点

生态资源资产的产权建设是通过所有权和使用权的分离，设置用益物权，让渡使用权，在保障所有权人长期收益不受损害的情况下促进价值实现。整体来看，产权建设的核心是扩权赋能，以丰富使用权类型为重点，以办理权证登记为保障，让市场机制在生态资源资产配置中发挥决定性作用。想要更好地发挥政府作用，重点要做好以下四个方面。

第一，扩权赋能。构建生态资源资产的产权体系，核心是扩权赋能。创新所有权实现形式，推动所有权和使用权分离，丰富生态资源资产使用权类型，适度扩大使用权的出让、转让、出租、担保、入股等权能。

第二，丰富使用权类型。《中华人民共和国民法典》通过 3 条法律条文明确了用益物权人的权利、行权限制及征收征用时享有的补偿权，保障了生态资源资产有偿使用过程中用益物权人应获取的相应权益。依据《中华人民共和国森林法》《中华人民共和国水法》《中华人民共和国海域使用管理法》等法律法规（见专栏 7-2），林地使用权、草地承包经营权、海域使用权、取水权、用水权、矿业权等产权制度已经形成较为成熟的实践基础。为更好地适配生态资源资产的多用途属性和经营开发的多元化需求，应推进制度创新和立法建设，设置更加丰富的权能，如水域观光旅游经营权、滩涂岸线使用权、碳汇指标使用权、溶洞资源使用权等。从实际需求出发，开展生态资源资产的分层设权、组合设权，如海域的立体分层设权，滩涂和海域、农田与水域、温泉与建设用地等组合设权，进而提高资源资产使用效益。

专栏 7-2 单行法有关用益物权的规定

《中华人民共和国森林法》第十四条：森林资源属于国家所有，由法律规定属于集体所有的除外。国家所有的森林资源的所有权由国务院代表国家行使。国务院可以授权国务院自然资源主管部门统一履行国有森林资源所有者职责。第十六条：国家所有的林地和林地上的森林、林木可以依法确定给林业经营者使用。林业经营者依法取得的国有林地和林地上的森林、林木的使用权，经批准可以转让、出租、作价出资等。具体办法由国务院制定。

《中华人民共和国水法》第七条：国家对水资源依法实行取水许可制度和有偿使用制度。这一条款明确了取水权作为用益物权的性质，取水权人需要依法申请取水许可证，并缴纳水资源费，才能取得对水资源的占有、使用和收益的权利。第四十八条：直接从江河、湖泊或者地下取用水资源的单位和个人，应当按照国家取水许可制度和水资源有偿使用制度的规定，向水行政主管部门或者流域管理机构申请领取取水许可证，并缴纳水资源费，取得取水权。这一条款细化了取水权的取得程序和条件，体现了水资源用益物权的规范管理。

《中华人民共和国海域使用管理法》第二十七条：海域使用权可以依法转让。海域使用权转让的具体办法，由国务院规定。这一条款体现了海域使用权的可流转性和可处分性，进一步丰富了海域用益物权的内容和形式。第三十三条：国家实行海域有偿使用制度。这一条款明确了海域使用权的用益物权性质，用益物权人需要支付相应的代价（如海域使用金）才能取得对海域的占有、使用和收益的权利。

第三，强化权属登记。权属清晰是发挥市场机制作用的基础和前提。生态资源资产作为商品进入市场前，必须完成确权登记，并由主管部门颁布权属证书。生态资源资产的权属关系应当明晰，且受法律保护。

第四，发挥市场机制作用。生态资源资产的价格最终应由市场决定。健全生态资源资产使用权转让、出租、抵押的市场规则，实施资产科学评估、竞争性出让等举措，依托市场机制，实现资源优化配置。

二、生态资源资产确权的典型路径及案例

（一）山林资源确权

1. 典型路径

山林资源确权是以林地、林木、林下经济运营权和林业碳汇开发权等为对象，开展法律确权，明确所有权主体（国家或集体）、使用权主体（如企业、个人）及其权利边界。山林资源确权从资源类型来看，分为林地资源、林木资源、碳汇资源、林下旅游资源等；从价值归属来看，可细分为林地资源确权、林木资源确权和林地、林木资源拓展权能；从收益来源来看，有直接经济收益、间接补偿收益、资本化收益（见图 7-1）。

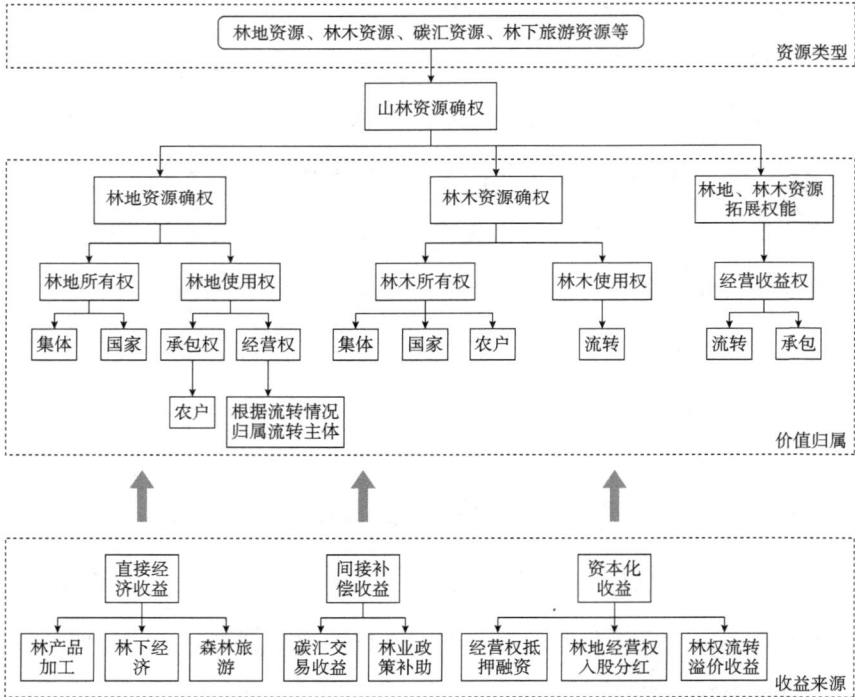

图 7-1　山林资源确权路径

资料来源：笔者绘制。

一是林地资源确权。林地资源确权以"土地空间"为核心，对象主要为承载林木的土地本身，包括森林地、疏林地、灌木林地等土地类型。确权范围涉及土地所有权（国家或集体）及使用权（承包权、经营权），依法颁发土地权属凭证。其确权路径主要包括：四至界定，以土地的地貌地物为基准，若四至模糊则由政府根据历史经营状况划定；空间勘测，采用"五线法"和地理信息系统（GIS）技术精准勾绘边界；登记单元划分，以林权证或"林地一张图"数据库为基准，确保登记单元与国土空间规划衔接；三权分置，林地的所有权归属集体或国家、承包权归属农户、经营权根据流转情况归属流转主体。从目标导向来看，林地资源确权旨在保障土地用途，促进规模化经营。

二是林木资源确权。林木资源确权以活立木为核心，对象主要为生长于林地上的树木、竹类等生物资源，包括天然林、人工林及经济林。确权范围涵盖林木的所有权、使用权。确权后颁发林权证，记载林木权属。其确权路径主要包括：分类登记，按用途分为商品林（可流转）与公益林（限制经营），商品林允许自主经营，公益林则通过地役权改革明确保护责任；动态管理，使用遥感技术监测林木生长状态，通过电子化录入实现林权证动态更新；权利分割，林木所有权可与林地经营权分离，农户可保留林木所有权，流转林地经营权。

三是林地、林木资源拓展权能。林地、林木资源拓展权能主要指除了林地所有权和林木所有权，其拓展权能分置出来的经营收益权。具体包含林下经济、经济林、林业碳汇、湿地修复、森林康养、森林旅游、公益林（天然商品林）等非木质资源经营权和获得补偿及入股、托管、合作收益的权利。这类权能可以称为林地经营收益权。通过林地经营收益权实现的财产性收益是支撑山林资源确权的重要收益来源。林地经营收益权的类型和形式具体见表 7-1。

表7-1　林地经营收益权的类型和形式

收益类型	具体形式
直接经济收益	林产品加工、林下经济、森林旅游
间接补偿收益	碳汇交易收益、林业政策补助（如退耕还林补助）
资本化收益	经营权抵押融资、林地经营权入股分红、林权流转溢价收益

资料来源：笔者整理。

林地经营收益权在实际操作中又可以细分为林下空间经营权、林业碳汇收益权等。以林下空间经营权为例，其本质仍是林地经营收益权的拓展权能，而非独立权利，其确权必须关联原林权证或林权类不动产权证书，确保林下空间经营权依附于合法林地权属。

2. 典型案例

①浙江省开化县林权改革化碎为整，推动林业资源规模化

开化县作为全国国有林场南方林区服务集体林权制度改革试点单位，针对"林地碎片化、经营分散化"的痛点，以"资源整合＋评估确权＋市场流转"为核心，构建了一套从资源整合到价值转化的完整机制。

一是标准化评估体系，破解价值认定难题。引入专业机构对林木资产和经营权进行价值评估，制定森林资源资产评估标准，按树种、林龄分类确定参考价，避免虚高或低估。

二是数字化确权路径，实现山林精准确权。严格执行"标线（拟订界线）—核线（资料比对）—并线（村集体确认）—定线（争议调解）—收线（签字确认）"流程，结合 GIS 和遥感技术精准勾绘四至边界。建设林权登记数据库，整合国土调查、遥感影像等数据，实现"林权一张图"管理。实现不动产登记系统与林业部门数据互通，确保登记信息实时更新。

三是成立林权收储平台，政府主导规模化整合。成立县林业发展公司，将其作为收储主体，对林地所有权、林木所有权、林地经营权等分散林权进行统一评估、收储和再流转。收储后的林地由公司统一规划经营，林农通过"租金（林地流转费）+ 股金（股权分红）+ 薪金（劳务收入）"实现三重增收。

四是探索"两轮入股"模式，合作社与企业双联动。第一轮入股，在明确村集体与林农的林权归属的前提下，村集体与林农将分散的林地经营权作价入股村级林业专业合作社，形成村级资源池。第二轮入股，村级林业专业合作社将整合后的资源以股权形式入股国有林企（如开化县林业发展有限公司），形成"合作社 + 林企"的联合经营体，推动国家储备林项目等大型工程落地。

五是建立争议调处机制，完善确权保障体系。分类处理历史问题，对未登记的林权，采取"数据容缺 + 补充调查"方式，优先通过凭证比对（如林权证、承包合同比对）确认权属，争议地块暂划为"争议区"并标注。成立由自然资源部门、林业部门、乡镇政府组成的联合工作组，依据《中华人民共和国森林法》《中华人民共和国土地管理法》调解纠纷，确保"纠纷不出村"。

②福建省南平市探索林下空间流转机制

福建省南平市充分挖掘其林地面积占全省 1/4 的独特资源优势，积极探索并构建林下空间流转机制，通过实施林下空间资源调查、确权登记及信贷支持等举措，有效破解了"林下经济经营者非林权证持有者，难以获取信贷支持"的难题，进一步拓宽了生态产品价值实现路径，助力林农实现"不砍树也能致富"的愿景。

一是精准化存储林下空间资源。南平市针对全市适宜发展林下经济的各类林地，依据林种类型、立地条件、坡度、林分郁闭度、交通及水源等因素，开展了全面细致的调查摸底工作。对于符合条件且有流转意愿的林下空间，由林权权利人出具书面委托，明确其流转意愿。随后，将筛选出的优质林地集中储备、规模整合，并将相关数据录入当地"森林生态银行"系统，同时以乡镇为单位构建林下空间资源数据库。

二是权属化开展确权发证工作。在政府的主导下，林业、自然资源等部门积极征询上级意见，依据相关法律法规及政策规定，参照林权发证模式，在不动产登记系统中增设"林下空间经营权证"子目录。南平市在全省范围内率先发放了林下空间经营权证，为林下空间经营者提供了坚实的权益保障，该证与租赁合同共同构成"双保险"。截至 2024 年，全市已累计发放林下空间经营权证 7 份，涉及面积达 2428 亩。

三是金融化提供信贷支持。针对发展林下经济投入大、周期长、风险高、融资难等问题，"森林生态银行"与金融部门紧密合作，创新推出"林下经营权贷""林下经济贷"等林业绿色金融产品。这些产品以林下空间经营者承包的林下经营空间权及林下经济作物为抵押物，为经营者提供了有效的融资渠道。2024 年，全省首笔以"林下空间经营权证"为抵押的贷款成功发放，贷款额度为 20 万元，期限长达五年；同年，首笔 300 万元的贷款也顺利落地，贷款利率为 4.7%。

四是市场化流转提升经济效益。南平市依托"森林生态银行"、土地流转平台等渠道，广泛发布林下空间流转信息，积极招商引资。截至 2024 年 3 月，全市林下空间流转面积已达 1.2 万亩，涉及企业、专业合作社 31 家。企业通过流转获得林下空间后，充分利用科研机构的专业技术优势，为农户提供种苗、培育技术及中药材回购等全方位服务。通过"公司 + 基地 + 农户"的合作模式，大力发展中药材种植等产业，有效带动农户增收致富。

（二）水利工程不动产确权

1. 典型路径

水利工程不动产确权通过开展不动产登记，保护产权、保障交易，盘活资产、激发活力，有效推动形成权属清晰完整、管护责任落实、经营活动规范的水利设施工程管理体制。水利工程不动产确权从资源类型来看，可分为水面（占用的土地）、附属设施（大坝、管理用房、沟渠、发电设施）、周边山林资源等；价值归属包括对上述资源的权属登记和确权；收益来源分为供水收益、发电收益、水面经营收益、区域综合开发收益等。水利工程不动产确权路径见图 7-2。

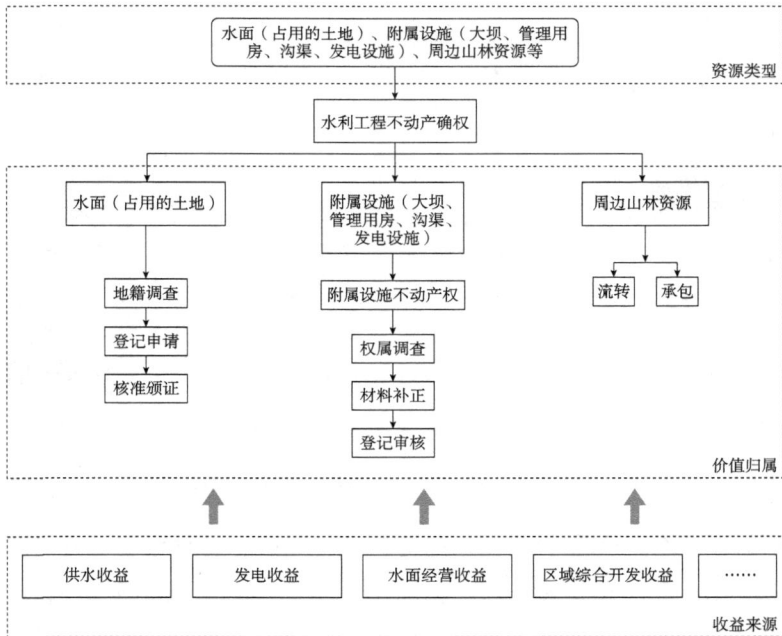

图7-2　水利工程不动产确权路径

资料来源：笔者绘制。

第一，对于水面（占用的土地）的确权。水面确权是水利设施最主要的权属之一，在其确权过程中应尊重历史形成的自然受益范围，尽可能利用已有的用地审批文件、水利工程施工资料、工程管理范围和保护范围划界资料等，通过地籍调查、登记申请、核准颁证等流程完成相关确权。通过不动产登记实现所占用土地等权属的法定化，进而为水利工程的管理、保护及后续利用提供法律保障。

第二，对于附属设施的确权。水利工程附属设施包括大坝、管理用房、沟渠、发电设施等。附属设施的确权属于不动产权的确权，需严格遵循土地权属历史、投资主体情况及政策法规，规范开展权属调查、材料补正、登记审核等程序。对于历史遗留问题，可借助具结书和主管部门证明等方式简化流程。注意，处理集体土地上的工程时需注重与村民权益的协调。

第三，对于周边山林资源的确权。此处可以参照本节关于山林资源确权的相关内容。

2. 典型案例

扎实推进水利投融资改革，绍兴市推动全国首单水利领域REITs落地

REITs是通过证券化既有的固定资产来募集资金，并将募集到的资金投入新型基础设施建设的方式。浙江省绍兴市率先破题水利REITs，发行银华绍兴原水水利REITs，其底层资产为绍兴市汤浦水库原水。汤浦水库总库容为2.35亿立方米，最大日供水量为100万吨，担负着绍兴市越城区、柯桥区、上虞区及慈溪市部分区域的原水供应重任，覆盖人口300余万。银华绍兴原水水利REITs上市后，成功将汤浦水库接下来30年的供水经营收益转化成基金产品，净回收资金将全部用于另一个"大水缸"——镜岭水库的建设。镜岭水库建成后将作为扩募资产纳入 REITs 平台，实现水利投资良性循环。

一是省部多线联动，项目审批创最快纪录。国家发展改革委、水利部积极支持、全程指导，证监会提前介入，以最快速度完成审批流程；浙江省相关领导 3 次召开专题会议研究相关事项，多次带队赴北京争取支持；省级相关部门和绍兴市协同联动，合力完成项目申报的 10 大类 34 项任务。省级相关部门密切配合、共同推动，仅用时 26 个月就完成镜岭水库前期工作，刷新浙江省报部审批水利项目最快速度的纪录。

二是整合优化资源，破解项目合规性难题。构建涉水资产统一管理平台，将原水、供水、污水及排水管网设施等资产分步纳入扩募范围，扩大基金规模。针对底层资产权属不清晰的问题，推动绍兴市列入水库不动产登记部级试点，分类制定汤浦水库确权手续办理路径。自项目立项之日起，绍兴市就着手对投资审批流程进行系统梳理，并与自然资源等相关部门紧密协作，针对汤浦水库的实际情况，分类规划并制定合规的补办方案。通过一系列努力，绍兴市顺利完成了土地及房屋建筑物的确权登记工作，并成功办理了包括建设工程规划许可证在内的 13 项关键函证，将确权办证的整体时间大幅缩减了 75%。在此基础上，绍兴市以汤浦水库产权补办工作为契机，系统推进全市水利工程的不动产登记工作。绍兴市成功列入自然资源部、水利部水库不动产登记试点，成为全国市域试点。截至 2025 年，全市完成水库不动产登记 476 座，登记率达 93.7%，为后续存量资产的盘活和利用奠定了坚实基础。

三是统筹资产效益，兼顾国有资产权益与市场收益。为切实维护国有资产权益并确保市场效益，绍兴市创新性地构建了汤浦水库所有权保护体系，将所有权与经营权进行分离，由绍兴市政府授予项目公司为期 30 年的蓄水、取水及销售等运营权限。待经营期限届满，绍兴市原水集团等原始权益人将有权无偿收回汤浦水库的全部股权。此外，原始权益人已签署一致行动协议，在项目发行后将合计认购 51% 的基金份额，以此确保对 REITs 基金及其底层资产的有效控制，进而保障基础设施的安全稳定运行。为提升资产的市场收益，建立与投融资体制相适应的"绿色水价"机制。绍兴市政府充分听取社会意见，按照"准许成本 + 合理收益"原则，依法依规将原水价格提高到 0.86 元 / 米 ^{3}，价格增长 30%，资产收益得到提升。项目上市后投资者认购量达 137 亿份，是发售数量的 106 倍，创 2024 年公募 REITs 新高。资产评估价值提升到 16.97 亿元、溢价 5%，该项目得到市场高度认可。

四是建立良性循环机制，搭建全市统一的涉水资产上市平台。REITs 的成功发行，为绍兴镜岭水库的建设成功募集到所需资金，搭建起了水利基础设施存量资产与新增投资之间相互促进、良性循环的机制。依托银华绍兴原水水利 REITs 这一涉水 REITs 平台，绍兴市成功打通了水利资产上市的通道，统筹谋划将全市范围内符合条件的原水、供水、污水处理等涉水资产分阶段纳入扩募范围。截至 2024 年 11 月，绍兴市已完成对 1 座水库、2 座生活饮用水厂、1 座工业水厂及 2 座城镇污水处理厂等涉水资产的整合工作，整合规模达 90 亿元。此外，将水利资产推向市场后，基金监管机构与基金管理人将对水库运营管理项目实施监管，这一举措也将进一步促使运营管理公司提高自身的运营管理水平。

（三）河道资源确权

1. 典型路径

河道资源确权是将河道使用权赋予自然人或法人，由承包者开展河道管理、经营，承包者在获得经济回报的同时承担保护河道周围生态环境的责任。价值归属方式可分为所有权、使用权、经营权；价值分配方式包括分类定价、市场交易等手段；收益来源包括旅游收益和养殖收益等（见图7-3）。

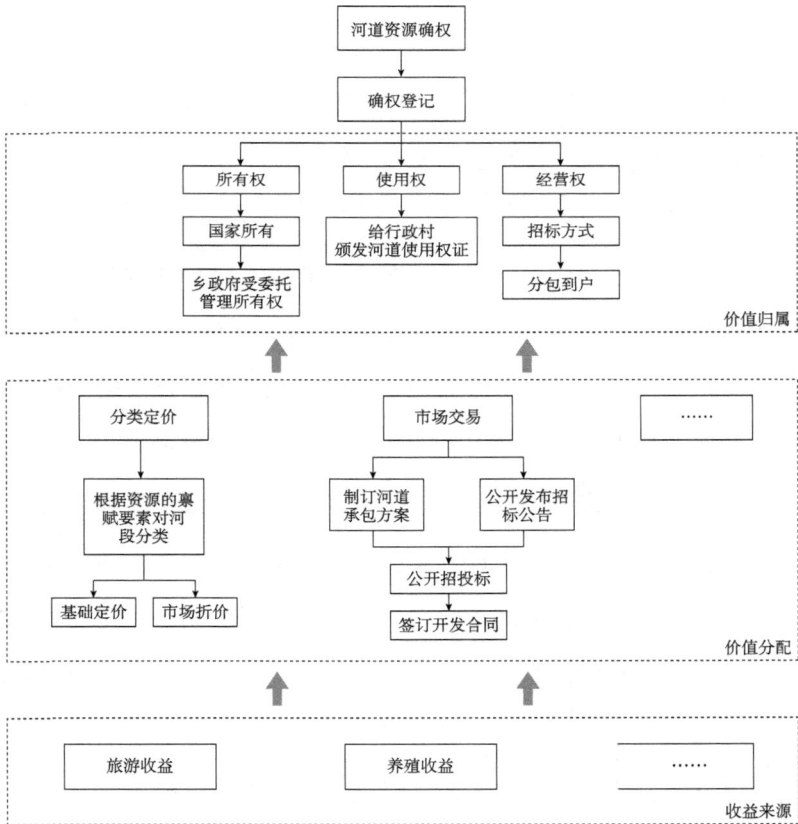

图7-3　河道资源确权路径

资料来源：笔者绘制。

一是价值归属。依据辖区范围与流域特征，对河道实施划界处理，将其细分为若干河段，从而形成以生态资产为依托、权属清晰的标的物。县级自然资源部门负责推进河道"三权分置"工作，即针对河道的所有权、使用权和经营权，分别开展确权登记，并颁发相应的产权证书，同时构建相关数据库。其中，河道所有权归国家所有，由乡政府进行管理；乡政府向各行政村授予河道使用权，并颁发河道使用权证，该使用权仅限于河道鱼类养殖，原则上不得涉及其他用途；各授权村集体通过招标方式分配河道经营权，承包户通过市场交易获取河道经营权，其经营权范围原则上应与使用权规定范围相契合。若需扩大河道经营权范围，则必须依法经水利、农业农村、自然资源、生态环境等相关部门审批。

二是价值分配。一方面乡政府依据河道资源禀赋要素（如河道的长度、水质状况、资源特色、地理位置以及配套设施等），对河段展开细致分类。村民代表大会将针对辖区内的河段承包经营权，开展基础定价研究工作。在定价初期，主要参考河道内渔业资源的丰饶程度来估算基础定价，再结合当前市场上的通用价格进行折算，从而得出初步的定价方案。另一方面是市场交易。经村民代表大会集体商议，确定河道经营权的承包模式。由村两委负责制订河道的具体承包方案，并公开发布招标公告。承包方案中明确规定了承包人的经营范围与生产方式等具体要求，招标公告则强制要求将河道管理与生态保护纳入承包经营权的整体义务范畴。例如，规定承包人需对河道及其周边环境开展定期保洁、植被养护等工作。在发布河道经营权承包公告后，严格按照报名、资格审核、公开招投标及签订开发合同等一系列规范程序推进。

三是收益来源。河道资源确权过程中，通过河道资源产生的旅游收益和养殖收益是推动河道资源开展确权的动力来源。只有使河道资源的收益价值实现最大化，才能有效推动河道资源确权工作开展。

2. 典型案例

浙江省青田县创新推进"河权到户"改革

浙江省青田县积极探索山区河道经营权（以下简称"河权"）改革，在借鉴农村土地承包到户改革经验的基础上，开展水流自然资源统一确权登记改革，试点推行"河权到户"改革（见图7-4）。该县成功完成全省首宗水流自然资源确权登记，颁发全省第一本水流自然资源确权登记产权证书，发放全国首笔河权抵押贷款（以下简称"河权贷"），并以"河权入股"形式引入社会资本合作。以上举措拓宽了致富渠道，有效破解了乡村河道"谁来管""怎么管"等难题。青田县的"河权到户"改革机制入选"全国基层治水十大经验"，成功打造生态产品价值实现机制创新的"青田样板"。具体做法和成效如下。

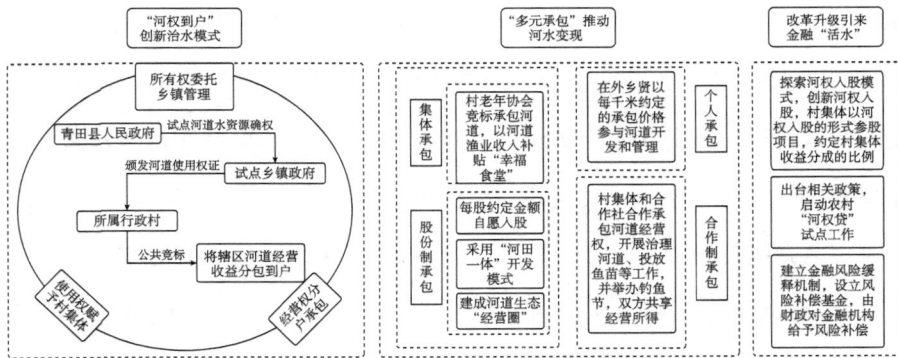

图7-4　青田县"河权到户"改革框架

资料来源：笔者绘制。

一是"河权到户"创新治水模式。积极探索农村河道"三权分置"改革路径，构建起所有权委托乡镇管理、使用权赋予村集体、经营权分户承包的河道治理新模式，并以此为基础，建立了一套融合环境保护、生态发展及村集体经济建设的自然资源开发与管理长效机制。通过村民代表大会共同商讨，明确河权承包的具体方式，确定河道承包价格、承包期限，以及承包人需履行的河道管护责任与义务。这场以河养河的"河权改革"已惠及 11 个乡镇（街道）45 个行政村，每年为村集体增加收入约 80 万元，同时节省河道保洁经费 10 多万元。

二是"多元承包"推动河水变现。河权承包模式秉持因地制宜理念，衍生出集体承包、个人承包、股份制承包及合作制承包等多种形式。

"集体承包"模式以留守老人居多的黄肚村为例，该村由村老年协会参与河道竞标承包。在开展河道综合治理工作的同时，利用河道渔业收入补贴村里的"幸福食堂"，为 70 岁以上老人提供免费餐食，有效解决了留守老人"吃饭难"的困难。

"个人承包"模式适用于河道分布零散、常住村民较少的村落。在此类村落中，在外乡贤以 200 元/千米的价格承包河道，负责河道的开发与管理工作。

"股份制承包"模式在农户改革意愿强烈的颜宅村得以实践。该村由村党支部书记牵头成立专业合作社，30 余位村民按每股 2000 元自愿入股。合作社采用"河田一体"开发模式，在稻田中养殖鱼、田螺、毛蟹等水产品，在河道里养殖石蛙、畜禽等，成功建成 200 多亩的河道生态"经营圈"。

"合作制承包"模式则是村集体和合作社合作承包河道经营权，开展治理河道、投放鱼苗等工作，并举办钓鱼节。双方共享经营所得，开创了乡村旅游的新局面。目前，单人单日的垂钓收费已达 120 元，河道内的石斑鱼每千克售价高达 160 元。

三是改革升级引来金融"活水"。青田县借助省级水域产权确权登记改革试点的契机，顺势推出河权贷这一创新举措，着力破解水域产权确权、融资流转及长效经营等方面的改革难题。

在创新发展路径上，青田县积极探索河权入股模式，引导农民通过河权参与社会资本项目，推动农民向股东身份转变，从而拓宽其收益渠道。创新河权入股方式，依托河道良好生态，吸引投资公司开发大田村水上高尔夫项目，村集体以河权入股的形式参股项目，约定收益的 30% 作为村集体收入。这既满足了社会资本对流域生态资源的需求，也解决了政府对河道环境治理资金的需求，更实现了村集体以自然资源资产增收致富的需求。

在金融支持方面，青田县为乡村发展注入新活力。出台《青田县农村河道使用经营权抵押贷款试点工作实施方案》，正式启动农村"河权贷"试点工作。"河权贷"产品执行优惠利率，较同类信贷产品低 3 ~ 4 个百分点。青田县通过"以河养河"的方式，打通了生态信用与金融授信之间的通道。

在风险防控方面，青田县积极探索建立金融风险缓释机制。设立风险补偿基金，由财政对金融机构给予风险补偿，并对发放"河权贷"的金融机构给予一定奖励，以此提高金融机构开展"河权贷"业务的积极性和主动性。

（四）海域使用权确权

1. 典型路径

海域使用权出让的用海类型主要集中在渔业用海、工业用海、交通运输用海、旅游娱乐用海和造地工程用海（城镇建设填海造地用海）五类，适用范围集中在工业、商业、渔业、旅游、娱乐和其他经营性项目。养殖用海、采砂用海的规定相对较多且具体，其他用海类型（如海底工程用海、排污倾倒用海、特殊用海等）未作明确规定。此处重点讨论养殖用海的海域使用权确权问题。

养殖用海是传统的海域开发利用活动，对保障广大渔民生产生活、促进沿海地区生态共富具有重要作用。目前养殖用海的海域使用权的确权路径基本以"三权分置"方式（见图7-5）为主，即所有权国有化、使用权市场化、经营权流转赋能。此外，征收海域使用金，完善收益分配机制，以用于养殖保险、基础设施建设和生态修复等工程，实现收益反哺，促进养殖用海的可持续发展。

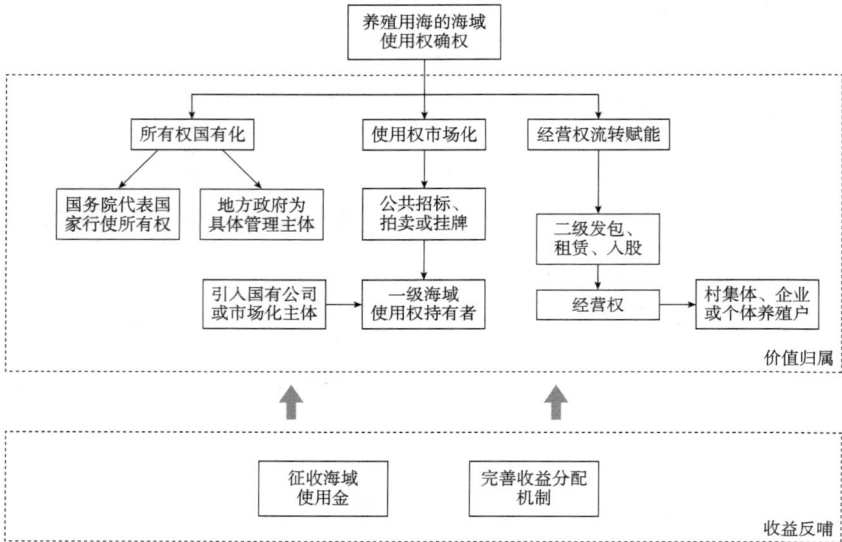

图7-5　养殖用海的海域使用权确权路径

资料来源：笔者绘制。

一是所有权国有化。明确海域所有权归国家所有，国务院代表国家行使所有权，地方政府为具体管理主体。这是三权分置的根基，确保国家对海域资源的最终控制权。

二是使用权市场化。通过公开招标、拍卖或挂牌（以下简称"招拍挂"）等形式出让海域使用权，引入国有公司或市场化主体作为一级海域使用权持有者。

三是经营权流转赋能。允许海域使用权持有者通过二级发包、租赁、入股等方式流转经营权，赋予村集体、企业或个体养殖户经营权，形成"所有权、使用权、经营权"分离格局。

四是征收海域使用金。海域使用金是海域使用权持有者必须缴纳的核心费用。海域使用金包括三类：海域出让金，海域使用权首次出让时缴纳；海域转让金，海域使用权转让时缴纳；海域租金，按年度缴纳。养殖用海的海域使用金通常按年度缴纳，具体金额因海域等级、养殖类型（如海水养殖、滩涂养殖）而异。此外，由于国家鼓励渔民转产养殖，因此对使用海域从事养殖的渔民的海域使用金，部分地区可暂缓或减免。

五是完善收益分配机制。约定海域使用金（这里主要指租金）分配比例，由村集体、镇政府、国有公司共同进行分配。政府统筹资金用于养殖保险缴纳、基础设施建设和生态修复，形成可持续的"用海—收益—反哺"循环，所得收益用于养殖保险、基础设施建设和生态修复等方面。

2. 典型案例

①浙江省象山县探索养殖用海"三权分置"改革

浙江省象山县作为浙江省海洋经济改革先行区，自 2020 年起探索养殖用海"三权分置"改革，通过所有权、使用权、经营权分离，明确海域产权关系，激活海洋资源价值。截至 2024 年，象山县累计出让养殖用海 152 平方千米，颁发海域使用权证 114 本，涉及的浅海滩涂养殖区域覆盖黄避岙乡、高塘岛乡等核心渔区。创新采用"二级发包＋数字化确权＋分层设权"模式，实现村集体年均增收超千万元，化解历史性权属纠纷 30 余起，形成可复制的"象山样板"向全国推广。

一是构建"三权分置"政策体系。象山县出台《关于开展开放式养殖用海海域"三权分置"促进乡村振兴的实施意见》，明确所有权归国家、使用权通过招拍挂方式出让、经营权可流转的权属结构，并兼容海域立体分层确权方式。制定《象山县海域分层确权管理办法（试行）》，将海域使用权细分为水面、水体、海床、底土和综合使用权五类，允许同一海域不同主体分层开发。例如，滩涂光伏发电项目占用水面，养殖活动占用水体，电缆管道占用海床。

二是确权登记流程标准化。养殖主体提交用海申请，由自然资源和规划局联合海洋渔业部门审查是否符合海洋功能区划、生态保护要求及村级规划要求。相关部门采用无人机航拍、GPS 技术，对养殖海域进行三维测绘，生成宗海界址图，并通过"码上智办"平台公示权属信息，确保边界清晰无争议。由自然资源和规划局、海洋渔业局分别颁发海域不动产权证和经营权证（养殖证），明确用海范围、期限（最长 15 年）、用途及缴费方式，支持证书作为抵押融资凭证。

三是推行"两级发包"经营模式。一级发包方面，国有公司（如宁波港达建设发展有限公司）通过招拍挂方式取得一级海域使用权后，向村集体发包。例如，黄避岙乡海域由国有公司统一管理，村集体支付租金获取二级开发权。二级发包方面，村集体通过村民代表大会决议，将经营权发包给养殖户或企业，签订租赁合同并收取租金，形成"国有公司—村集体—养殖户"三级链条。租金分配比例固定为 50% 归村集体、30% 归镇财政、20% 用于生态反哺。

②福建省福州市养殖海权改革的探索实践

福建省福州市作为首批国家海洋经济发展示范区，是全国较早开始探索养殖海权改革的试点城市。试点工作从 2019 年开始，目前已在福州市连江县、罗源县、福清市、长乐区、马尾区 5 个县（市、区）的 21 个镇 49 个村全面铺开。从试点情况看，养殖海权改革试点探索出养殖海域国家所有权、村集体使用权、渔民个人经营权的"三权分置"方式，以及（海域）不动产权证、水域滩涂养殖证"两证联动"的海域资源要素市场化配置新机制。养殖海权改革有力促进了"规范用海、强村富民、渔业兴旺、渔村和谐"目标的实现。

一是统一规划，科学布局养殖海域。

市、县两级政府统一编制海域养殖规划。在充分尊重历史现状和渔民意愿的前提下，根据国土空间规划和环境保护规划，市、县两级政府统一编制海域养殖规划，科学设置养殖区、限养区、禁养区，明确养殖区可以开展养殖生产、限养区在满足一定管控要求的前提下可以开展养殖生产、禁养区禁止养殖生产。

村级编制养殖发展专项规划。市、县两级渔业主管部门指导村级开展海上养殖发展规划编制工作，进一步明确养殖区、限养区环境承载力，控制养殖总量和密度，优化养殖品种结构和空间布局。

健全四级联动规划落实机制。将养殖规划执行落实情况列为市、县各级各部门生态环境保护督察的重要内容，建立养殖规划执行情况"一季度一通报"制度，利用航拍卫星、无人机和海上人工拉网式巡查等方式，联合推进养殖规划落到实处。

二是"三权分置"，明晰海域产权主体。

明确海域国家所有权。根据《中华人民共和国海域使用管理法》，明确海域属于国家所有，任何单位或者个人不得侵占、买卖或者以其他形式非法转让海域；单位或个人使用海域，必须依法取得海域使用权。

确认村集体海域使用权。根据相关法律法规，将规划用于养殖的海域确认给村委会从事养殖生产，即村委会依法向县资源规划部门缴纳海域使用金，县海渔部门和资源规划部门联动核发（海域）不动产权证和水域滩涂养殖证，从而实现"养殖海域所有权属国家、使用权归村集体"的分置。

盘活渔民海域经营权。在对渔民养殖范围等信息进行审核的基础上，村委会公开、公平、公正地向渔民出让养殖海域经营权。经村民代表大会表决通过后，村委会向渔民发放养殖凭证并依法收取海域养殖租金，实现"养殖海域使用权归村集体、经营权归渔民"的分置。

三是凭证管海，规范养殖用海行为。

构建海域空间"一张图"。开发海上养殖网格化智慧管理系统，以遥感影像为底图，建立海上养殖台账，实现养殖数据和空间信息"一张图"管理。

规范海上养殖"一本证"。试点村委会向渔民明确身份信息、养殖品种、养殖方式、养殖期限、养殖四至坐标等内容后，发放养殖凭证，市、县两级海渔部门进行过程性监督。

探索海洋行政执法"一体化"。健全养殖凭证管理制度，采用"线上遥感＋线下巡逻"方式，实现动态监管。组建海上养殖管理队伍，探索资源规划部门和海渔部门的"大综合一体化执法"，强化渔民"凭证用海、按需用海、有偿用海"意识，规范海上养殖管理。

四是创新赋能，激活养殖凭证功能。

赋予"物权凭证"功能。养殖凭证既能体现养殖规模的合法性，又能体现养殖行为的真实性，是银行评估渔民海上养殖生产产值的重要参考。

赋予"信用凭证"功能。养殖凭证体现了个人依法依规用海，为建立渔民信用评价体系提供了基础支撑。这是养殖凭证可作为信用凭证的重要依据。

赋予"金融凭证"功能。银行基于养殖物权功能、信用功能，开发面向渔民、利息优惠、审批简便的多种金融产品，拓展渔民贷款融资渠道，促进渔民增产增收。

（五）自然资源资产组合确权

1. 典型路径

自然资源资产的组合供应是指在特定国土空间范围内，将多门类自然资源资产（含多种类权利权能）整体配置给同一使用权人的供应模式。其核心在于通过跨资源、跨权属、跨空间的要素整合与制度重构，破解传统单一要素供应的低效问题，实现生态价值与经济价值的协同提升。简而言之，它就是一种创新的自然资源资产配置方式，将分散的自然资源资产打包成综合性、多样性、规模化的资源资产"组合包"，把过去单一土地、矿产资源的出让，拓展至"山水林田湖草"等农用地、生态碳汇、生态种植和旅游观光等的综合出让，最大限度显化资产价值和综合效益。自然资源资产组合确权路径见图 7-6。

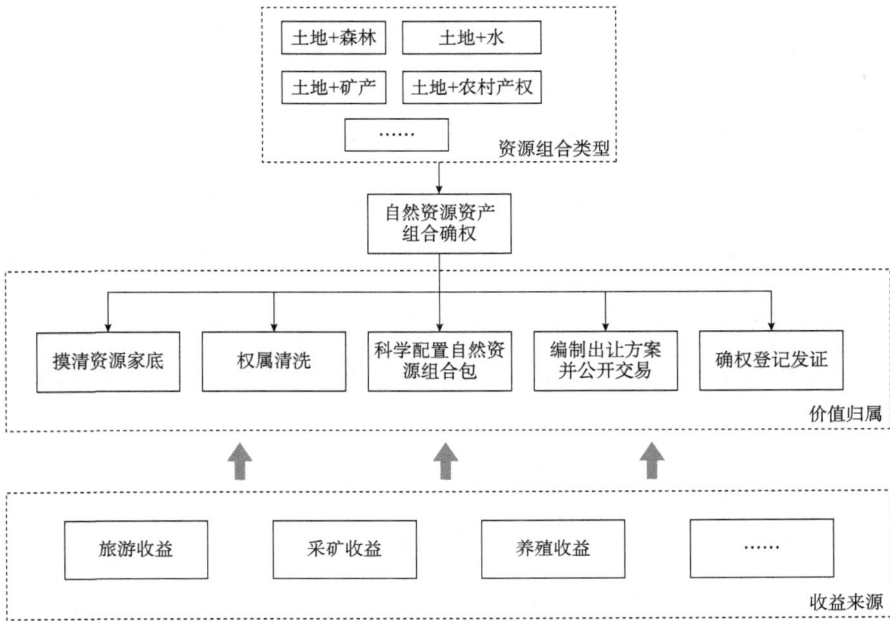

图7-6 自然资源资产组合确权路径

一是摸清资源家底。依托国土空间规划"一张图"和自然资源资产清查数据库，整合土地、矿产、森林等资源权属、质量及分布信息，为自然资源组合包设计提供数据基础。

二是权属清洗。权属清洗是确保权属关系清晰、数据准确、法律合规的关键步骤，其核心目标是通过系统性梳理、核实、修正和整合自然资源资产的权属信息，消除权属矛盾，为后续确权登记奠定基础。在具体操作中要重点对数据进行清洗，并对其进行标准化处理。开展权属核实与争议处理，确认权属主体及权属来源的合法性，核实权属范围。

三是科学配置自然资源组合包。根据资源禀赋和产业需求，合理扩权赋能，形成优质组合包。"土地 + 森林"组合包适用于林业产业、康养旅游以及有碳排放需求的项目，如建设森林康养基地、大型采摘园、林地露营基地、生态旅游小城等；"土地 + 水"组合包适用于建设自然生态公园、农旅、文旅等特色旅游综合项目，如打造垂钓观赏区、水上游乐园、嬉水堰坝、水上漂流等网红景点；"土地 + 矿产"组合包适用于矿产资源勘探、采集类项目，如对矿石、地热、矿泉水等资源的勘探和开发利用；"土地 + 农村产权"组合包适用于建设采摘园、农业体验馆、特色民宿、农家乐等项目，如对荒山、荒沟、荒丘、荒滩、村办企业房屋等资源进行深度开发利用，可打造山地越野赛道、休闲度假山庄、康养小镇等。

四是编制出让方案并公开交易。将组合包中各类自然资源资产的使用条件、供应年限、溢价分成等条件纳入出让方案，报政府批复后实施。及时发布用地政策、用地价格、供应结果等供地信息。通过公开交易的方式开展组合包交易，交易完成后，由竞得人分别与各供应主体签订出让合同。

五是确权登记发证。以宗地为单元，合理区分资源权属类别，明确所有权、使用权、经营权权限，申请组合包的不动产登记。

此外，在自然资源资产组合供应的实现路径中，还需要注意以下几点。

一是需要在特定的国土空间范围内。组合供应的资源需在同一个物理空间范围，如海域空间内的海域使用权和海底的海砂采矿权，相邻范围内的国有建设用地使用权和集体经营性建设用地使用权。

二是使用权人需为同一主体。同一使用权人可同时取得不同自然资源资产的使用权和经营权。

三是实施公开出让。必须以公开方式出让，即通过统一的自然资源资产交易平台向社会公开宣布。

四是各职能部门按职责监管。将自然资源资产的所有权、使用权、监督权区分开来，由相关部门按职责分别行使权力。

2. 典型案例

江西省九江市自然资源资产组合供应

江西省九江市围绕"编制清单、开展清查确权、实施组合打包、推进整体储备、进行设权赋能、组织综合评估"等一系列工作，积极探索自然资源资产的组合供应模式。自 2021 年起，九江市抓住全民所有自然资源资产所有权委托代理机制试点的有利契机，深入推进自然资源资产组合供应的探索与实践，不仅成功实现全国首单自然资源资产组合供应，还颁发了全国首本全民所有自然资源资产用益物权不动产权证书。具体做法和成效如下。

一是编制清单，明确自然资源资产配置主体。九江市抓住全民所有自然资源资产所有权委托代理机制试点的宝贵机遇，对自然资源资产类型、相关管理规定、各部门职责以及规划要求进行了全面梳理，并据此编制了九江市人民政府代理履行全民所有自然资源资产所有者职责的自然资源清单。该清单详细列明了自然资源资产的种类（涵盖土地、矿产、森林、湿地、水等）、具体履职主体（政府及其相关部门）以及所有者应承担的职责，有效解决了"由谁负责管理、管理哪些内容"的问题，攻克了"管理缺位"的难题，为后续的确权登记与资源合理配置筑牢了根基。

二是清查确权，摸清自然资源资产底图底数。对国有土地、矿产、森林、湿地、水等各类自然资源资产开展全方位调查，精准掌握其数量、质量、分布情况、权属及利用现状，并以此为基础构建自然资源资产清查数据库，将其纳入国土空间规划"一张图"进行统一管理。与此同时，针对184个自然资源登记单元开展地籍调查工作，顺利完成权属确权登记流程，清晰划定全民所有与集体所有、不同层级政府之间及不同自然资源资产之间的权属界限，最终形成权属关系明晰、权责划分明确的底图，有效解决自然资源资产"底数不明"的问题。

三是组合打包，优化自然资源资产整体配置。成立自然资源资产保护和价值转换中心，统筹自然资源资产储备与交易。通过征收、购买、租用等方式，整合分散的自然资源资产（如土地、水、矿产等），形成"资产包"。例如，武宁县将"水资源+集体建设用地"组合成生态旅游项目包，九江经济技术开发区推出"土地+水"项目包（含农业用地、公园绿地、河流及养殖、旅游开发权）。通过集中收储、统一规划，解决"多头储备"导致的低效利用问题，提升资源整体效益。

四是综合评估，显化自然资源资产整体价值。引入第三方评估机构，参照土地评估、生态系统服务价值核算方法，对拟出让的自然资源资产进行整体价值评估。建立涵盖权能设置、价格测算等环节的标准化评估规程，形成科学合理的自然资源资产价值评价体系，破解"绿水青山无价"

困局，为市场交易提供定价依据。

五是市场交易，完善自然资源资产供应流程。建立全市统一的自然资源资产交易系统，实现"多门类、一站式、全流程"网上交易。制定交易管理办法，规范出让、租赁、作价出资等配置方式，明确交易流程和监管职责。授权县（市）政府对属地资源进行出让，收益按市、县 1∶9 比例分成。

三、资源资产确权的问题约束

（一）左右互搏之难：条块分割协同不足

长期以来，我国自然资源资产所有权与监管权相互交织、难解难分，各级政府及组成部门既行使所有权，又行使监管权。这种"既当运动员又当裁判员"的现象制约了产权激励机制与约束机制的建立。实践中监管权往往会高于所有权，致使资源利用低效、浪费现象普遍。目前实践中主要存在两个方面的问题。一是保值有余，增值不足。资规部门对各种自然资源资产承担着"所有者""监管者"的双重职责，但实践中"重审批、轻经营"倾向明显，资产盘活动力不足，部分资产闲置浪费现象明显。二是条线分明，协同乏力。资规部门对自然资源资产实行所有者职责，水利、林草、海洋等部门事实上行使使用权，实际工作中部门协调机制不健全等问题较为明显。

（二）上下委托之难：放权承接联动不足

《全民所有自然资源资产所有权委托代理机制试点方案》在制度设计时以谨慎稳妥为导向，将委托代理权限下放到地级市人民政府。从各省市的实践进展来看，因自然资源资产的属地管理一般以县为单位，市一级政府难以覆盖全域的自然资源资产权益的维护和监管，导致权责不明晰，所有者权益不落实，国家所有权行使主体存在"虚位"现象。目前实践中主要存在两个方面的问题。

一是放权不彻底。国家已将委托代理权限下放到地级市，但属地管理以县为单元，市级政府难以全面覆盖，导致权责模糊，所有权主体"虚位"。江西省探索委托代理机制由设区市向县级延伸，九江市已授权县级人民政府开展自然资源资产组合供应，黎川县还针对省级权限和县级权限资产开展了组合供应。此外，广东省构建"省+市"组织模式，按类别和区域授权开展所有者职责的代理履行机制，福建省进一步明确资产清单的责任主体，将国资委、税务部门纳入其中。

二是基层接不住。调研发现基层管理以土地、矿产管理为主，自然资源资产管理人才队伍建设滞后。此外，部分资源确权调查、测绘等前期成本较高，在财政紧平衡状态下，推进困难。

（三）整体治理之难：组合出让创新不足

"人的命脉在田，田的命脉在水，水的命脉在山，山的命脉在土，土的命脉在树"[①]，习近平总书记的论述揭示了生态资源资产的整体性特征。土地、水流、森林、海域、滩涂乃至碳汇等生态产品往往共存于同一个国土空间，相互依存、交叉，体现为一个生命共同体。目前实践中主要存在三个方面的问题。

一是组合出让尚处于起步阶段。在多地水域空间确权过程中，虽然颁

---

① 《关于〈中共中央关于全面深化改革若干重大问题的决定〉的说明》，新华社，2023年11月15日。

发了用水权证书，但事实上不只是涉及水资源使用权，还有水面和岸线的经营权。尽管颁发证书有积极促进意义，但存在"小马拉大车"问题。

二是权属设置"创新不足"。目前仍以传统使用权为主，如取水权、海域使用权等，难以满足文旅、康养等新兴业态需求。江西、湖南、湖北等省份创新设置多种权属，具有一定借鉴意义。

三是面临证书样式、价值评估等"具体而关键"的问题，这些问题的解决方案尚未明确，但直接关系市场主体的切身利益，影响他们开发生态资源资产的积极性，有待研究探索。

（四）历史欠账之难：资产合规性权证手续办理困难

2016年国务院印发的《自然资源统一确权登记办法（试行）》在推进资产确权过程中，因历史遗留问题导致权证办理基础薄弱，部分自然资源资产的权属证明缺失、登记数据断层、用地手续不全等问题集中暴露。究其原因可细分为三个方面。

一是权属模糊问题。囿于计划经济时期资源开发利用缺乏系统性登记制度，部分国有林场、山塘水库等缺乏明确法律权属界定，跨部门认定标准不统一。部分资产由于土地用途交叉存在确权困难，如水库等地的淹没区范围线内由于没有完全全域确权，部分国土用地图斑为基本农田的区块也纳入了库区范围，增加了不动产登记的难度。

二是手续缺失问题。早期建设项目审批手续、档案管理不规范，确权办证面临"凭证链断裂"困境。对于海域使用权等权属，由于渔民长期使用海域具有"事实权属"，但法律上需补办手续，否则可能被认定为"无证用海"，导致争议。

三是权属争议影响整体工作。在村民、村民小组、村集体等不同主体间，存在权属争议问题。这会导致确权难度加大，并对资源经营开发形成制约。

四、政策建议

（一）完善产权顶层设计机制，深化委托代理机制，健全横纵协同的资源管理职责清单制度

山水林田湖海等自然资源资产在生态资源资产开发中发挥着基础性、决定性作用。纵向上看，建议深化全面所有自然资源资产委托代理机制，考虑基层政府与实际监管更接近的事实和市场需求，借鉴江西等省份做法，将省、市代理的部分职责下放到县级政府，调动基层实践的积极性。横向上看，健全资规、水利、生态、林业等部门协作机制，通过健全资源职责清单制度，明确各部门权力行使的主体、对象、范围及权责利关系，并强化政策协同、信息共享等措施，提高政府公信力。

（二）强化确权前的资源收储机制，提升资源供给和经营开发效能

收储是开展权属清理、资源整备和实现高效开发的重要基础。

一是强化资源收储。依托两山合作社以及农投、旅投、水投等公司，围绕市场需求，开展资源收储，探索多元化投融资机制，加强中央预算内资金、专项债券、政策性贷款等资金的协同使用，降低收储成本，提高供给效率。

二是历史权证补办追溯机制。针对不同时期、类别的权证缺失，探索差异化路径，研究"档案溯源""交叉验证""容缺预登记"等制度，避免

因个别要件缺失而导致确权停滞。

三是权属争议资源化解机制。对难以明晰的权属争议，探索通过生态补偿、收益共享、村集体回购等机制平衡各方利益。

（三）创新确权中的权能设置机制，丰富使用权类型和所有权实现形式

在保护性开发的基础上，创新设置权能是促进生态资源资产价值实现的关键。

一是从使用权类型上看，在符合国土空间和用途管制的前提下，围绕生态文旅运营、生态产品开发、生态农业经营等，创新设置符合市场需求的权属。

二是强化权属的组合设置，着力推进特定区域内多种权属的组合设置，以及海域使用权的立体分层确权，提高整体效益。

三是从所有权实现上看，完善各项权属的价值评估规范，制定抵质押、入股、担保、融资等配套机制和政策。

（四）完善确权后的权属证书办理机制，强化专业型人才队伍建设

权属证书是运用物权手段推动保护性开发的重要支撑，对市场经营主体而言，在银行融资、壮大资产、法律保障等方面具有重要意义。

一是建议主管部门加强对地方的指导，推动地方靠前服务、创新业务模式。在遵守国家法律法规的前提下，主动优化适应新需求、新业态的权属办理过程，创新证书类型、样式设计等，积极探索三维立体登记等新型登记模式，更准确地呈现资源禀赋和特点。

　　二是强化专业人才培养，培育一批熟悉自然资源资产、生态产品、测绘技术和深谙政策、业态、法律等的专业人才，加强人工智能、大数据等技术的应用，提高工作质效。

第八章 生态共富的金融支撑机制

资产的价值本质上源于人的价值观，即人们看待某种资产所形成的共识。"绿水青山"既是自然财富、生态财富，也是社会财富、经济财富。得益于"两山"理念深入人心，"绿水青山"的资产价值正在加快被金融机构认可。激活"绿水青山"的财富效应，挖掘其金融属性，提升资产配置效率，为推动"两山"转化引入绿色金融"活水"，为生态共富的实现形成重要支撑。

一、对于金融支撑机制的理解

生态资源资产是实现人类福祉不可或缺的物质基础。长期以来，相较于城市土地及住房、工业厂房、机器设备等，生态资源资产的价值属性远远没有得到充分体现，这也成为制约生态共富的一个关键问题。这个问题的根源在于工业文明时代形成的"大量消耗—大量生产—大量废弃"的线性发展模式，该模式无法充分彰显生态资源资产价值。党的十八大以来，"两山"理念逐步成为社会共识，生态资源资产的价值属性得以彰显。

生态资源资产具有稀缺的价值属性。一是生态价值，森林、水域、海洋、湿地、草原等构成生态系统的基础，是生态产品的源泉。二是经济价值，发展生态农业、生态旅游、清洁能源等产业，促进经济增值和区域发展。三是社会价值，生态资源资产提供了社会发展不可或缺的物质基础和能量来源，带动了当地就业。四是文化价值，如自然生态、特色地貌、人文、风俗、传统文化等。这四个方面的价值是构成生态资源资产价值的基础。通过产业开发、制度供给等方式，生态资源资产价值可转化为现金收益、资产交易收益等经济价值。需要特别指出的是，生态资源资产的稀缺性、不可灭失性及自然增值等属性，使其具有信用创造能力。它能够以抵押物或担保品的形式，为金融产品提供信用增级。

生态资源资产要成为金融资产，离不开必要的制度供给。从资产权属来看，我国实行社会主义公有制，生态资源资产往往是集多种权属、多种权利于一体的综合体，其国有产权、集体产权相互交织。只有明晰权属和界定范围，保障资产的合法性、真实性，才能降低潜在风险，提高金融产品的可信度。从资产收益来看，依托流转机制、产业开发等，生态资源资产在市场经济的框架下能够产生稳定收益，其相关权益可以通过买卖、交易、抵押、租赁等方式流转。权益的流转为生态资源资产的金融化提供更多可能。

金融工具是连接生态资源资产和金融资产的桥梁，生态资源资产向金融资产转换的核心逻辑是将缺乏流动性但能够产生稳定收益的生态资源资产集中起来，按照一定的方式，将其转化为金融机构认可的金融产品。金融工具的使用必须遵循金融原则，按照相关法律法规要求，金融工具用于在相关主体间构建担保、信托、委托、保险、合同等关系。

从目前的实践进展来看，抵质押贷款是生态资源资产最常用的金融工具之一。金融工具主要通过担保关系构建，资产金融化的过程一般包括资产选择、撮合交易、价值评估、风险评价、抵押品设计、贷款发放等。生态资源资产金融化破解了生态资源资产流动性差、价格估算难、市场化开发受阻等问题。土地资源资产的金融化（见专栏 8-1）可以为生态资源资产金融化提供借鉴。

专栏 8-1　土地资源资产的金融化

在改革开放初期，土地能否买卖曾引发了广泛争议，当时主流观点认为土地没有凝结人类劳动，不应属于商品范畴。1988 年，《中华人民共和国宪法修正案》明确土地使用权可以转让，但土地市场也没有立刻活跃起来。土地从资源到资产，再到资本，历经了二三十年的时间。

1989 年，我国正式建立国有土地有偿使用制度，为土地交易奠定了制度基础。学术界认为，1994 年的分税制、1997 年的土地储备制度和 1998 年的商品房制度的建立，共同推动了土地资源资产的金融化。同时，叠加快速城镇化进程，土地作为资产的效应得到充分发挥，土地（城乡建设用地）几乎等同于货币，发挥了重要的资产功能。

需要注意的是，生态资源资产的金融化伴随着潜在的风险。从金融端来看，金融产品周期普遍较长，而生态资源资产相关的法规制度尚不完善，其开发利用尚处于起步阶段，在产品运行期内可能出现权属纠纷、利益冲突、法律瑕疵等风险，会对产品的合规性产生影响。此外，生态资源资产价值评估和金融产品定价之间缺乏科学、合理的衔接机制，容易引发定价不当。从资产端来看，金融产品一经发行就会吸引市场主体认购，购买者随即成为相关权利人，这会加剧生态资源资产产权的分散，导致对其的监管和开发会面临更加复杂的权属环境。同时，由于目前生态资源资产基本上属于非市场化配置，其价格往往偏离真实市场价值，因此生态资源资产金融化过程中可能出现国有资产、集体资产流失等问题。

总体来看，生态资源资产的金融支撑，是以生态资源资产为标地的资金融通活动，通过一系列的金融操作，实现生态资源资产的资本化，抵质押融资是目前的主要实现路径。借用挪威生态经济学领域的阿里尔·瓦唐（Arild Vatn）教授的观点："如果可以购买'虚无之物'，我会愿意购买，因为虚无之物可以避免很多无用的有形之物。如果'虚无之物'可以确权，那么这种市场就可以建立起来。这是多么美妙的想法。这为经济增长和环境保护提供了一种共存之道。"

二、生态资源资产融资的典型路径及案例

（一）山林资源融资

1. 典型路径

山林资源融资是指基于山林资源资产及其生态产品来实现融资的路径，主要通过以下两种路径实现融资功能。

第一种路径是以林地、林木资源为核心标的物的融资模式。具体而言，首先，完善林权确权颁证制度，明晰产权归属，为资源流转交易提供基础支撑；其次，推动林地经营权流转市场化改革，构建规范化的交易平台和交易机制，提升资产流动性；再次，探索林地地役权制度改革，在保障生态功能的前提下，合理使用林地开发权与使用权；最后，创新收益权抵质押融资方式，允许将林地承包经营权、林木所有权等预期收益权作为抵押物，破解传统抵押难题。

第二种路径是以山林资源资产的生态产品经营权为融资标的物的创新模式。在具体实施过程中，首先，需要对生态系统的调节服务、文化服务

等无形价值进行定量评估，建立统一的核算标准；其次，构建生态产品交易市场，将生态价值转化为可交易的金融产品；最后，以 GEP 评估结果为依据，设计相应的金融工具，如生态产品收益权质押贷款、未来收益权信托等，为融资主体提供资金支持。同时，还可以通过碳汇项目开发、生态补偿机制等方式，实现生态价值的多元化变现。

2.典型案例

①浙江省龙泉市探索金融投资林业新机制

龙泉市作为浙江省最大的林区县，拥有 398.5 万亩林业用地，森林覆盖率达 84.2%。为解决林业资源"难度量、难抵押、难交易"的问题，龙泉市自 2007 年起探索林权抵押贷款改革，通过量化生态价值、盘活权益性资产，推出林权直接抵押、公益林信托贷款、林地地役权质押等 10 余种金融产品，获评全国集体林权制度改革先进集体。具体做法和成效如下。

一是政策扶持促"资本入林"，缓解林业融资难题。做大做强林木产业，出台推进林木产业高质量发展相关制度，建立林权抵押贷款、收益权质押贷款、林业贷款贴息补助等 20 余项政策，明确融资帮扶措施，降低扶持门槛，促进资本进山入林。截至 2023 年底，龙泉市累计发放林权贷款 63.15 亿元、贴息补助 2200 余万元，惠及林农 6.64 万户次，户均贷款达 9.5 万元。

二是平台升级促"资源上线"，完善绿色金融体系。建设"益林共富"多跨场景应用平台，上线"绿色金融"系统，创新推出电子"益林证"，配套开发"益林共富"绿色金融系列产品，实现"数据智能评估、自动生成额度、直接放贷到户、信用跟踪监管"数字化办贷流程。自系统上线以来，累计发放电子"益林证"2.8 万本，授信额度达 10.8 亿元，新增贷款 2.65 亿元。"益林共富"多跨场景应用获评浙江省林业推进共同富裕十大典型案例。

三是产品创新促"资产变现"，提升金融普惠力度。开展林地经营权流转、集体林地地役权改革、碳汇权登记管理等工作，在龙泉农商银行、中国农业银行龙泉市支行等 7 家银行开展涉林贷款业务，推出林权抵押等 10 多种信贷产品。在全国率先开展国家公园地役权改革，创新补偿收益权质押贷款改革，实现贷款 2.8 亿元，惠及近 2 万林农，实现年村集体经济增收 280 余万元。创新林业碳汇"未来收益权 + 保险单"质押贷款模式，发放全国首笔林业碳汇质押贷款 20 万元。

四是授信提额促"资金畅流"，助推产业转型升级。针对林木产业链经营周期长、短期无收益等特点，推出"龙信宝"等无还本续贷转贷产品，增加授信额度 20 亿元，贷款业务审查审批和信贷资金配置遵循绿色先行、环保优先的原则，办贷效率提升 200% 以上，保障生产资金快速流转。

②浙江省嵊州市贵门乡 GEP 抵押贷款

嵊州市贵门乡的森林覆盖率达 91%，生态资源资产丰富但经济基础薄弱。为打破生态资源资产"难量化、难抵押、难流通"的瓶颈，贵门乡自 2022 年起探索以 GEP 核算为基础的绿色金融改革，通过量化生态价值、创新抵押模式，推出 GEP 直接抵押贷款、生态补偿收益权质押贷款、碳汇预期收益权质押贷款等多种金融产品，打造生态资源变资产、资产变资本的新路径。具体做法和成效如下。

一是政策统筹促生态定价，夯实 GEP 核算基础。2022 年，浙江农林大学王懿祥教授团队详细计算了贵门乡森林资源中水源涵养、土壤保持、洪水调蓄、碳汇、释氧等 12 种生态产品的功能量和价值量，生成 26 万条数据、69 张专题图，创新性完成了贵门乡 13 个行政村每个山头地块的生态"宝藏"的"估价"，摸清了当地的森林资源"身价"，总价值约为 37 亿元。

二是创新融资机制促多元变现，激活生态资源资产价值。创新提出

"生态产品经营权"概念,以 GEP 报告为授信依据,无须政府担保,直接对接绿色金融产品。贵门乡政府与嵊州市交投集团签订协议,将生态产品经营权流转至交投集团。交投集团以 GEP 经营权为抵押物,向中国农业发展银行嵊州支行申请贷款,最终获批 9.5 亿元授信,这是浙江省的首单 GEP 抵押贷款。

三是绿色共富项目促致富惠民,保障生态价值实现。贷款用于 190 余个共富项目,包括基础设施升级、林相改造、农村道路建设、游步道建设、茶园更新、高价值苗木移植等惠民工程,以及低碳民宿、森林生态旅游等绿色康养项目。这些项目每年为村集体增收 400 万元。这些项目的实施不仅提升了贵门乡的生态环境质量,还带动了当地经济的发展。

(二)山塘水库融资

1. 典型路径

山塘水库融资是指以水资源的稀缺性为基础,通过水权的确权和流转来实现资源价值的金融化。这种融资模式的核心在于将水资源的价值转化为可交易、可质押的金融资产,从而为涉水项目和相关主体提供资金支持。根据水权的不同类型和应用场景,山塘水库融资可分为以下两种主要路径。

第一种路径是基于用水权的确权与融资。该路径的核心在于通过用水权的确权和颁证,将原本分散、模糊的水资源使用权转化为具有法律效力的权益凭证,进而实现融资功能。首先,是用水权的确权与颁证,村集体或用水组织的用水权需通过资源调查、水量核定、权属确认等程序,由政府或授权部门颁发用水权证书。其次,在用水权确权的基础上,金融机构可将其视为一种可质押的资产,设计专门的金融产品。最后,在确权颁证的前提下,用水权还可通过市场交易实现流转。地方政府可建立用水权交易二级市场，允许村集体或用水组织在一定条件下将用水权转让给其他用水主体，从而获得资金支持。

第二种路径是基于取水权的确权与融资。该路径的核心在于通过取水许可证的颁发，明确取用水户的取水权利，并将其作为融资凭证，实现水资源价值的金融化。首先是取水权的确权与颁证，政府相关部门需对取用水户的用水需求、用水量、用水用途等进行审核，符合条件的取用水户可获得取水许可证。其次是取水权的质押融资，在取得取水许可证后，取用水户可将其作为质押物向金融机构申请贷款。取水许可证的颁发为取水权的市场交易提供了基础，地方政府可推动建立取水权二级交易市场，允许取用水户在满足一定条件下将取水权转让给其他主体，从而实现取水权的价值增值。

2. 典型案例

①安吉县创新山塘水库用水权改革，开辟"绿水生金"新路径

安吉县是"两山"理念的诞生地，2023 年被列入浙江省"用水权和激励性水价"改革试点县。为进一步激活农村水资源生态价值，开拓"绿水生金"新路径，安吉县创新启动农村集体山塘水库用水权改革。通过深化水权改革，优化利益联结，强化多元融合，安吉县探索建立了"确权发证—价值核算—流转开发—收益分配"的转化路径，实现了水资源的高质量转化。具体做法和成效如下。

第一个做法是深化水权改革，激活"沉睡山塘"。

制度先行，夯实转化基础。根据水利部、国家发展改革委、财政部联合印发的《关于推进用水权改革的指导意见》，创新水资源确权模式，制定《安吉县农村集体山塘水库用水权确权管理办法（试行）》，实现村集体申请、属地乡镇审核、水利局确权发证的审核发证流程。通过向村集体颁发取水许可证的方式，逐一明确取水权属、取水用途、取水水量、取水期

限等，为用水权价值核算、交易、抵押提供制度支持。目前，安吉县已对360座农村山塘水库开展确权发证工作。

摸清家底，核定价值基准。制定《安吉县农村集体山塘水库用水权价值核算指引（试行）》，从供水价值、发电价值、文旅价值等多方面核定山塘水库水资源综合价值，形成安吉特色的农村集体山塘水库水资源价值核算体系，为水资源交易、抵押等提供基准价值参考。经评估，全县389座农村集体山塘水库30年用水权的总价值高达173.6亿元，其中，文旅价值达150.2亿元，供水价值达23.4亿元。

搭建平台，促进流转交易。通过安吉特色生态资源资产线上交易平台和两山合作社，搭建农村集体山塘水库用水权交易平台，加速优质水资源的价值转化。目前，全县已有22座农村集体山塘水库完成流转交易，生态价值转换金额达2亿元。农村集体山塘水库流转交易流程见图8-1。

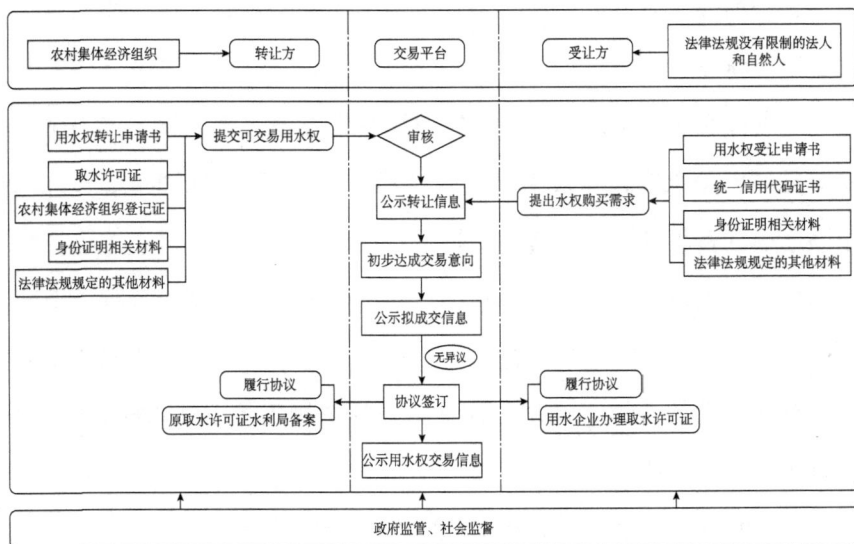

图8-1　农村集体山塘水库流转交易流程

资料来源：笔者绘制。

第二个做法是优化利益联结，促进"水岸共富"。

以用水权交易带动村集体增收。通过用水权流转交易，村集体可一次性获得流转交易收益，并可进行后续分配经营。例如，杭垓镇大坑村利用山塘水库优质资源，成功吸引浙江吉森野旅游开发有限公司开发漂流项目，交易用水量每年为 10 万立方米，交易额每年达 32 万元，撬动项目投资 1.3 亿元。

以资源资产入股推动村民致富。用好"两入股三收益"机制，推动村民以水资产、水资源入股，实现分股金、拿租金、挣薪金。例如，昌硕街道石鹰村通过用水权改革的方式，成功引入浙江安吉虹鹰旅游发展有限公司来开发"十八道湾漂流"项目，该项目吸引投资达 2500 万元。项目每年的用水交易量为 2 万立方米，对应交易额为 100 万元。在经营模式上，采用"企业 + 村集体 + 农户"的合作形式来运营漂流商铺，此举使得村集体每年额外增收 110 万元，同时带动了当地 100 人就业，让村民人均年收入再增加 4000 元。

以水资源融资厚植发展后劲。针对那些已寻得适宜开发主体并完成用水权交易的山塘水库，积极引导金融机构提供"用水权抵押结合项目贷"等绿色金融创新服务，撬动实施一批乡村振兴项目，助力村集体经济发展壮大和村民增收致富。目前安吉县已与中国建设银行湖州市分行、中国农业银行湖州市分行，就全县农村集体山塘水库的用水权融资达成初步合作意向，并签订框架协议。经初步评估，全县农村集体山塘水库 30 年的可授信额度超 100 亿元。

第三个做法是深化多元融合，提升转化实效。

搭好改革平台，以机制引入项目。迭代升级用水权交易制度、用水权交易平台、利益分配机制等，通过用水权流转、融资推动、投资增值、利益分配等环节，与更多金融机构合作，在提供开发资金的基础上，形成清晰有效的项目投资清单，对外发布招商信息。目前，已发动河垓村、铜山村等 12 个村集体，通过水权交易方式招引项目落地。

做好资源转化，以成果引聚人气。在山塘水库水权交易项目的建设、开发、运营过程中，注意挖掘试点案例，推出更多具有借鉴意义的水资源改革故事，扩大安吉"绿水生金"改革影响力。2023 年，塔吉克斯坦总统办公厅首席专家达勒·萨法尔佐已明确要把经验带回塔吉克斯坦，并组建塔吉克斯坦官方水利与绿色经济团到安吉学习调研；联合国开发计划署驻华代表处计划与安吉进行多领域合作，以推动可持续发展目标的本地化。

丰富改革内涵，以创新引领发展。依托用水权改革工作，全面激发闲置水资源活力，开展"水利＋农林旅"等多形式实践项目，助力发展"漂流经济""露营经济""咖啡经济""夜市经济""演唱会经济"等新模式新业态，摸索水资源价值转化新思路新方法新模式。

②丽水市创新推出"取水贷"，助推流域经济发展

丽水市作为"两山"理念的重要发源地和先行实践地，率先开展取水权质押贷款工作。2023 年丽水市创新推出"取水贷"，将"沉睡"的水资源转化为金融"活水"，激活"水经济"。自 2023 年 3 月发放首笔"取水贷"以来，2023 年全年丽水市获得贷款授信额共计 307 亿元，实际融资101.8 亿元，取水权价值得到有效提升，推进绿色水电高质量发展。丽水市总结经验，建立健全相关体制机制，完善"取水贷"模式，形成可借鉴、可复制的"取水贷"丽水样板。具体做法和成效如下。

一是深化"政银企"合作，创新"取水贷"授信模式。丽水市各相关部门主动携手金融机构，分别从供给端和需求端深入调研各方需求，创新推出"传统抵押＋取水权增信"的融资新模式。该模式依据已核定"取水

权"的水电站的年取水量，换算出理论发电量及相应的发电收入。随后，由水利部门对水电站的"取水权"开展质押登记工作，最终金融机构将"取水权"作为质押物发放贷款授信。丽水市水电站年均发电收益接近40亿元，据此，金融机构给出的授信额度约为280亿元，还推出"取水贷"专项金融产品。绿色金融政策在准入门槛、授信审批、融资规模和利率优惠等方面给予重点支持。依托"政银企"协同机制，丽水市成功构建"绿色水经济"平台，探索出水资源生态价值转换新模式。

二是探索先行先试，促成"取水贷"融资。积极运用试点先行等有利条件，县水利局与青田农商银行、浙商银行等金融企业签署战略合作协议，率先开展取水权质押贷款申领发放等工作。2023年3月，丽水市首先在小水电的"取水贷"质押贷款上进行积极探索并取得成功。奇艺水电站通过"取水贷"融资600万元，资金用于电站自动化改造升级以及厂容厂貌和周边环境的维护建设。绿色水电智能化改造顺利完成后，该水电站年运营收益提升10%以上。截至2024年，青田县共发放"取水贷"6笔，合计金额13.3亿元，排名丽水市第一。

三是建立体制机制，推广"取水贷"模式。为盘活全县丰富的"水库水经济"，在小水电"取水贷"成功发放的基础上，丽水市持续探索水库资源融资新模式。丽水市按照"全面规划、统筹兼顾、重点推进、试点先行"的方针，结合各县（市、区）水电发展实际情况及融资需求，确定将水力资源丰富、水电站数量多的莲都、青田、景宁三地作为试点，率先开展取水权质押贷款实施方案制定、贷款用途规范和实际发放等工作。丽水市成立"取水贷"工作小组，设立专属联络员，优化小水电抵押登记业务流程。通过专人专办方式，最快一天就能完成"取水贷"的抵押登记业务。积极探索"取水贷"向山塘、农业灌区、取水企业、农村供水项目等主体的扩面推广，盘活水资源，助力"取水贷"提质扩面，使水资源变水资产。

（三）区域品牌融资

1. 典型路径

区域品牌融资是指以生态产品的商标权等知识产权为核心标的物，通过知识产权的确权、评估与金融创新来实现融资。这种融资模式的核心在于将区域品牌的无形资产转化为可质押、可交易的金融资产，从而为区域内获得品牌授权的农户、企业及相关经营主体提供资金支持。

2. 典型案例

① "嵊泗贻贝"地理标志集体商标质押授信

嵊泗县是中国贻贝养殖的核心产区，拥有悠久的养殖历史，嵊泗县的枸杞乡被誉为"中国贻贝之乡"。2007 年，"嵊泗贻贝"成为全国首个海洋类产品地理标志集体商标（以下简称"地理标志商标"）。然而，养殖户长期面临融资渠道窄、抵押物不足等问题。2024 年 8 月，嵊泗县贻贝行业协会与中国邮政储蓄银行嵊泗县支行合作，创新推出"嵊泗贻贝"地理标志商标质押贷款项目，为当地贻贝产业授信 35 亿元，这标志着全国首例海洋类产品地理标志商标质押融资正式落地。具体做法和成效如下。

一是制度创新，构建地理标志商标质押融资体系。加强政策支持，嵊泗县市场监管局牵头制定《支持嵊泗县走海岛县高质量发展共同富裕特色之路实施方案》，成立由分管副县长任组长的知识产权工作领导小组，并挂牌成立县级知识产权局，为地理标志商标质押融资提供制度保障。质押流程权责明晰，中国邮政储蓄银行嵊泗县支行与贻贝协会签订《贻贝地标知识产权质押协议》，明确地理标志商标质押的法律框架和操作细则，同时与养殖户签订贷款合同，实现"协会统筹、银行授信、农户受益"的联动模式。

二是金融创新，盘活知识产权资产。突破传统授信模式，中国邮政储蓄银行以"嵊泗贻贝"地理标志商标为质押物，为嵊泗县贻贝行业协会整体授信 35 亿元。会员单位及养殖户可申请最高 1000 万元的贷款，最低利率为 2.9%。贷款使用范围覆盖养殖、加工、销售等产业全链条。创新构建风险防控机制，引入保险机构，为贻贝养殖提供自然灾害和市场风险保障。动态监测海域环境数据（如 pH 值、水温等），确保质押资产价值的稳定性。

三是产业协同，推动全链条升级。提升品牌价值，通过地理标志商标的统一管理，制定嵊泗贻贝相关标准，规范养殖、加工、包装等环节，提升产品附加值和市场竞争力。

② "衢州椪柑" 地理标志证明商标质押贷款

浙江省衢州市供销合作社与中国工商银行衢州分行合作开展的"衢州椪柑"地理标志证明商标质押贷款项目，是浙江省首例以市级产业协会开展的地理标志证明商标质押融资创新实践项目。截至 2023 年末，贷款余额为 1.56 亿元，累计发放贷款超亿元。"衢州椪柑"地理标志证明商标质押贷款项目通过将"知识产权"转化为"资产"，有效破解了农业主体无抵押、融资难的问题，成为金融助力乡村振兴和共同富裕的典型示范。具体做法和成效如下。

一是创新地理标志证明商标质押融资模式，盘活无形资产。衢州市供销合作社联合中国工商银行，首创"供销合作社主导 + 地理标志质押 + 集体授信"的融资模式。该模式具体包括：品牌价值评估，依托第三方专业评估机构，确定"衢州椪柑"地理标志证明商标的市场价值为 20 亿元，为质押融资提供依据；分层授信机制，中国工商银行为柑橘产业供销合作社整体授信 10 亿元，同时根据企业资质，向首批 15 家龙头企业定向授信 8000 万元；利率优惠扶持，贷款利率从行业平均水平 4.2% 降至 3.7%，每贷款 100 万元可减少利息支出 5000 元，累计为企业节省融资成本超 500 万元。截至 2024 年，已累计为 18 家柑橘龙头企业、4 家茭白种植户提供融资支持，撬动产业产值超 22 亿元，带动农户人均增收 5000 元以上。

二是构建"政银社企"协同机制，强化服务保障。整合多方资源，形成"银行信贷 + 供销合作社担保 + 政府贴息 + 社会参与"的金融新生态。政府层面加大支持，衢州市市场监管局、金融办等部门联合出台地理标志证明商标质押融资专项政策，提供贴息补助和风险补偿资金。供销合作社发挥纽带作用，作为担保主体为会员企业提供信用背书，联合银行简化审批流程，开通"绿色通道"，最快 3 个工作日就可放款。银行创新服务方式，中国工商银行推出"一企一策"服务方案，结合柑橘产业周期特点，灵活设计还款期限，并配套"兴农通"农村金融服务点，延伸服务触角。

三是推动全产业链升级，赋能共同富裕。项目资金重点用于支持产业技术升级、品牌建设和市场拓展等方面。技术升级方面，引入数字化种植技术和冷链物流设施，推动柑橘标准化生产，优质果率提升 30%。品牌建设方面，通过"三衢味"区域公共品牌赋能，"衢州椪柑"溢价能力提高 15%，带动产业链产值增长至 22.15 亿元。市场拓展方面，支持企业建设电商平台和仓储中心，2023 年"衢州椪柑"线上销售额突破 5 亿元，覆盖全国 20 余个省市。

（四）综合型融资

1. 典型路径

综合型融资的核心在于将生态修复与生态产业发展相结合，科学核算 VEP，以生态产品为标的物、VEP 核算结果为依据，构建可持续的融资模式。

2. 典型案例

①安吉县多措并举推动水土保持生态产品价值实现

安吉县始终以"两山"理念为指引，统筹推进山水林田湖草海系统治理，积极探索"绿水青山"向"金山银山"转化新路径。安吉县聚焦水生态产品领域，在产品培育、价值核算、资产评估、平台搭建、收益反哺等方面进行积极探索，初步形成了政府主导、企业和社会各界参与、市场化运作的水生态产品价值实现机制。2024 年 3 月 20 日，全国首单水土保持生态产品价值转化交易在安吉签约。2025 年 1 月 8 日，安吉县对辖区内四个水生态产品价值实现试点项目进行了交易，安吉县在水生态产品市场中的地位得到进一步巩固。具体做法和成效如下。

第一个做法是以"两山"转化为发力点，变"水资源"为"水资产"。

夯实转化基础。根据省水利厅、省发展改革委、省财政厅、省生态环境厅《关于加快推进水土保持生态产品价值实现的意见》要求，安吉县积极与省水利厅对接，成功签订践行"两山"理念推进水利综合改革的战略合作协议。在此基础上省水利厅积极支持安吉县在全省率先开展水土保持生态产品转化探索，探索水土保持生态产品转化模式，完成国家水土保持重点工程安吉县孝丰镇洪家坞生态清洁小流域水土流失综合治理工程。

摸清资源家底。编制完成《浙江省安吉县水土保持生态产品价值核算研究报告》，在全国率先定义水土保持生态产品概念并建立水土保持生态产品价值核算体系，为摸清县域水土保持生态产品底数提供依据。经核算，安吉县 38 个小流域生态产品价值约为 33.2 亿元，具备交易条件的石门坑、梅溪、郭吴、山川、深溪 5 个生态清洁小流域的生态产品价值约为

4.7 亿元。

促进流转交易。制定印发《安吉县水土保持生态产品交易管理办法》，明确安吉县水土保持生态产品交易的全过程管理，包括水土保持生态产品价值核算、公开出售转让、生态反哺等环节。依托安吉特色生态资源资产线上交易平台和两山合作社，搭建水土保持生态产品交易平台，实现产品线上展示、信息发布、流转交易等功能，提升小流域的整体宣传效果，加速优质水土保持产品的价值转化。

解决共性问题。结合各地生态产品的转化情况，为解决度量难、交易难、抵押融资难等共性问题，安吉县出台《安吉县水生态产品交易实施意见（征求意见稿）》，明确"划定特定流域单元—价值核算评估—收储交易—开发交易"的转化路径，并制定从产品策划至运营交付"7 大环节 21 事项"的水生态产品交易流程手册，确保改革试点有依据、可操作。

第二个做法是以富民惠民为落脚点，变"生态水"为"共富水"。

找准典型，以优质产品引项目。安吉县黄浦江源石门坑生态清洁小流域自 2012 年以来，共实施竹林抚育、坡耕地整治、坡面水系治理、水生态修复、农村人居环境改善等 15 项水土流失治理项目，累计投资 4880 万元，小流域内水土保持率从 2012 年的 90.12% 提升到了 2022 年的 97.67%，远高于全省平均水平，2023 年被认定为生态清洁小流域。经核算，该流域水土保持生态产品总价值达 10357.5 万元。2023 年 3 月 20 日，通过平台公开竞标，浙江绿郡龙山源旅游发展有限公司竞得该流域河垓区块 6 年水土保持生态旅游资源开发经营权，交易价格为 3328 万元。该交易为全国首单落地的水土保持生态产品价值转化交易。

聚焦共富，以利益联结促转化。优化"两入股三收益"机制，治理区村民以水土保持资源和资产入股，实现分股金、拿租金、挣薪金。仅首单水土保持生态产品交易就带动相关项目落地，创造就业岗位 50 个，全面带动石门坑生态清洁小流域区域漂流、民宿、餐饮、露营、咖啡等业态发展，成功盘活水利存量资产，预计村集体年总增收超 1000 万元。此外，根据管理办法，构建水土保持价值产品转化双向通道，收益按投入比例一部分用于全县水土流失综合治理，形成良性的水土保持生态治理反哺机制。

全面推广，以规划标准强后劲。面对水生态产品分类标准缺乏、水生态价值转化率低等问题，安吉县细致梳理了繁杂的水生态产品，创新性地将其划分为涉水类、滨水类、用水类三大类别。安吉县对水生态产品进行统一规划与再开发，对流域进行整体打包，规避水生态产品开发同质化竞争问题。2025 年 1 月 8 日，在安吉县水生态产品价值实现签约仪式暨全县水生态产品价值实现延伸扩面推进会上，安吉县以 1.46 亿元的交易额，对辖区内分属不同种类的四个水生态产品价值实现试点项目进行交易，推动水生态产品价值转化从分散化、单一化走向规模化、多元化。

②安徽省黄山市"祁门祁红"茶产业链 VEP 融资

安徽省黄山市祁门县是祁门红茶的核心产区。祁门红茶虽然是世界三大高香红茶之一，但长期面临价值转化难、融资抵押物不足等问题。2023 年 9 月，黄山市以"祁门祁红"茶产业链开发项目为试点，创新推出全国首单 VEP 收益权质押贷款。中国农业发展银行授信 3.1 亿元，首笔投放 1.83 亿元。此融资项目以祁门红茶产区的生态资源权益为质押，融资资金用于茶地流转、低山茶园生态修复、茶园田园综合体建设及茶旅融合等工程。具体做法和成效如下。

一是构建 VEP 核算与认证体系，激活生态资源金融属性。黄山市联合安徽省招标集团股份有限公司、专业评估机构，编制《特定地域单元生态产品价值核算规范》等文件，明确了生态产品价值清单和核算标准。以祁门红茶核心产区的生态资产（如茶园碳汇、水源涵养、生物多样性等）为核算对象，利用物质供给、气候调节等9类指标来评估其生态价值。该核心产区每年生产红茶21万斤、涵养水源117万立方米、吸收二氧化碳897.5吨、节约电力1453万千瓦时，最终测算其VEP权益总价值达7.04亿元。通过建立生态产品价值核算体系，黄山市首次实现"绿水青山"向可质押的金融资产的转化，为后续的贷款授信提供依据。

二是创新"全链条"贷款机制，打通权益质押路径。"祁门祁红"茶产业链开发项目建立了"权益申请—价值核算—确权登记—评估授信—风险补偿"的全流程机制。确权登记方面，2023年7月，黄山市生态产品价值实现机制工作领导小组为"祁门祁红"茶产业链开发项目颁发全国首张"黄山市特定地域单元生态产品价值权益证"，明确生态资源的权属与收益范围。评估授信方面，以VEP权益证为抵押物，黄山市联合中国农业发展银行黄山市分行设计25年期的长周期贷款，并通过保险机构（如中国人寿财险）提供风险保障，降低银行信贷风险。权益质押路径成功解决了传统融资中抵押物不足的难题，首笔1.83亿元贷款迅速到位，确保项目顺利启动。

③北京市门头沟区探索VEP实现机制

北京市门头沟区加快开展VEP市场化路径探索，推动生态产品的"使用价值"转为"市场价值"并最终形成"交易价格"，实现"绿水青山"向"金山银山"的价值转化。

一是划定特定地域单元范围。一方面，综合评估生态保护的急迫性、资源本底的丰富性、市场基础的完善性、辅助要素的集中度等多项条件，选择王平镇西王平村为特定地域单元。另一方面，全面摸清特定地域单元内的资源条件，形成生态产品及其辅助要素清单。

二是确定最优开发模式。首先，详细考察企业资信评级、企业社会责任履行情况、企业生态资产运营能力等方面，引入永定河流域（北京）企业运营管理有限公司和中建文化旅游发展有限公司为项目主体。其次，选取辅助要素最优组合。在保护好生态的前提下，项目主体谋划了多种经营开发业态，包括古村落再利用、林业碳汇、亲子体育拓展、户外体育营地、京西古道体验等。最后，确定各方参与模式。该项目中西王平村村集体是古村落和集体建设用地的所有者，以出租用地、生态产品经营权开发和提供劳动力服务等方式，与项目主体合作，获得"租金 + 流水分红 + 薪金"等权益。

三是评估特定地域单元内生态产品的价值。一方面，核算特定地域单元内生态产品总值，将核算结果作为生态权益所有人争取转移支付等政府性补偿的依据。另一方面，核算项目开发后的 VEP，即产业开发期限内以生态系统为主要支撑的各类收益的贴现值。

四是对接资本市场，实现核算结果可应用。该项目基于良好的运营模式和稳定的现金流预期，已获得国家开发银行北京分行的建设期贷款支持。考虑到生态资产良好的保值率和增值率，国家开发银行在授信额度、年限和利率方面均给予了利好性倾斜。

五是锚定生态富民和生态反哺，实现可持续发展。该项目通过打造"生态 + 文旅"绿色产业路径，在保障所有者和生态资产收储人的利益后，项目的投资收益率和资本金收益率仍能满足项目经营开发主体的投资收益底线要求，实现市场可持续发展。建立项目反哺机制，每年从生态补偿资金、分红收益等的净利润中拿出约 5% 的资金，用于特定地域单元生态本底的厚植。

④陕西省商洛市"生态金融"多维机制激活秦岭绿色资本

商洛市依托秦岭生态优势，2021年率先开展生态产品价值实现机制试点工作，与中国科学院合作建立全国首个生态产品价值与碳汇评估平台。柞水县木耳产业依托"秦岭生态贷"，以森林覆盖率（83.3%）、年水源涵养量（12.5亿立方米）、碳汇储备（3000万吨）等指标构建VEP核算体系，2.8亿元的授信资金用于支持全产业链建设。具体做法和成效如下。

一是制度创新，构建全国领先的生态价值核算与交易体系。商洛市联合中国科学院地理科学与资源研究所建立全国首个生态产品价值与碳汇评估平台，制定《商洛市生态产品价值核算指南》，创新性融合森林覆盖率、水源涵养量、碳汇储备等生态指标，形成"GEP+VEP"双核算体系。成功搭建生态产品价值与碳汇评估平台，该平台实现了统一度量标准、整合信息资源和一键自动核算等功能，有效攻克了生态产品价值"核算难"的难题。柞水县当地已启动GEP与VEP的测算试点工作，有3个项目成功入选全市首批VEP试点项目名单，初步完成了生态价值的量化核算。据统计，2023年柞水县GEP核算结果为198.9亿元，3个VEP项目的核算结果总计为4.179亿元，这些数据为金融产品的创新设计提供了坚实的科学依据。

二是培育区域公用品牌，促进生态产品市场化交易溢价。强化"山水商洛"这一区域公用品牌的建设，不断增强其在市场中的影响力与竞争力。借助"好山好水"的自然优势，推动生态产品实现溢价增值，让广大群众切实享受到生态发展带来的红利。聚焦农产品品质提升，着力做优做强农产品区域公用品牌。集中力量培育"柞水木耳""洛味缘""源味山阳"等具有地方特色的农产品区域公用品牌。例如，洛南核桃品牌价值攀升至30.68亿元，商洛香菇品牌价值也达到18.51亿元。值得一提的是，"柞水木耳"不仅荣获陕西省首批农产品区域公用品牌称号，还成功获得欧盟商标注册，其品牌价值更是突破 53.23 亿元大关。

三是金融创新，打造"生态银行"模式下的产品矩阵。商洛市积极探寻契合本地实际的绿色金融发展新模式，引导金融机构大力发展绿色信贷业务，鼓励金融机构创新产品，开拓全新业务领域，充分挖掘生态资产的"绿色金融"价值，以走出"抵押难"的困境。商洛市制定出台《生态资产运营管理公司实施意见》，借助金融产品创新等手段，推动优质生态资源向生态资本转变。同时，商洛市制定了《关于创新推行"生态贷"，助推生态产品价值实现的实施意见》，面向金融机构推广"生态贷"模式，通过优化评估授信机制、降低成本与控制风险、简化贷款流程等多项关键举措，激励金融机构为商洛市生态产品价值实现提供有力支持。此外，商洛市还创新推出了"生态贷"业务，开发了核桃贷、茶农贷、木耳贷、两山贷等 10 类生态金融产品。2023 年，全市共发放"生态贷"15.6 亿元，其中柞水县发放 1580 万元，助力 118 户木耳种植户发展生产。

三、生态资源资产融资存在的问题

（一）"重授信、轻用信"问题

生态资源资产融资在"授信"环节基于其长期价值和政府擘画的蓝图，银行可以大额授信，而"用信"环节的实际放款会有所差距。差距的出现有其合理性，但部分项目"授信"与"用信"之间存在数量级的偏差，向市场和社会传递了误导信号，不利于"两山"转化做深走实。其原因如下。

一是项目谋划不实。授信环节对项目可行性、抵押品价值、还款来源等方面的深入研究不够，或者项目多停留在谋划层面无法落地，导致金融机构难以放款。

二是缺乏合格抵押品。生态资源资产为非标资产，存在评估难度大、权属不清、流动性差等问题，难以符合银行抵押品要求，致使贷款减少发放。

三是重"名"轻"实"。部分地区在生态资源资产融资实践中，更重视案例打造、宣传报道，忽视了项目的落地实施，影响了实际放款。

（二）"重背景、轻能力"问题

调研发现，部分金融机构更倾向于支持地方城投、文旅投、农投、产投等国有企业开展生态资源资产融资，而民宿、文旅等领域的民营企业较难获得贷款。其原因如下。

一是信用评级有差异。金融机构从规避风险的角度，更倾向于选择与有政府背景的国有企业合作。

二是协调能力有差异。在生态资源资产确权登记、证书办理实践中涉及较多需地方政府协调的事项，金融机构认为国有企业更有优势。

三是产品创新有待提升。部分民企拥有良好的策划、获客、经营等能力及稳健的现金流，却受限于缺乏专属金融产品，融资受限。

（三）"重常规、轻创新"问题

生态资源资产确权登记是形成合格抵押品、实现融资的关键，目前尚依赖于地方主动作为、创新机制。调研发现，融资案例多的地方都是改革先行的地方。若主管部门仅完成本职工作、对政务服务创新的重视程度不足就难以做好生态资源资产融资工作。生态资源资产确权登记难的原因如下。

一是权属不清。农村宅基地使用权、集体建设用地使用权等用益物权权能不够完整，流转后难以办理权证；河道使用权等囿于法规界定不明确，实际操作面临较大制约；不同用途的海域使用权可能存在重叠或冲突，导致权属关系复杂。若主管部门不对资产进行确权、登记、颁证，融资就无从谈起。

二是边界不清。例如，部分底数不清的林权资源虽已颁证，但林权证上四至边界描述模糊，融资时仍需重新勘测边界，成本高、易产生纠纷。

三是协同不够。例如，通过宅基地使用权、海域使用权等权益抵押贷款，属创新型业务，需要主管部门靠前服务，与市场主体、金融机构等深入协商，平衡各方诉求，对贷款发放、权益抵押、风险处置等进行整体性制度设计，以上工作亟待推进。

四、政策建议

（一）构建生态资源资产评估体系

建议地方发改委、地方金融监管等部门支持指导金融机构建立生态资源资产评估体系。

一是按照"生态资源资产包 +VEP+ 绿色金融"模式，将一定地域内的山、水、林、田、湖、海等生态资源资产整合为"生态资源资产包"，开展 VEP 核算，系统评估生态产品价值，并将其作为区域整体融资授信的重要评估依据。

二是支持鼓励金融机构结合自身业务模式，将生态产品经营开发权、区域公共品牌、取水权、碳汇收益、宅基地等农村土地经营权、农房财产权等纳入合格抵质押品范围。

（二）深化生态资源资产领域政务服务增值化改革

一是建议地方政府因地制宜、因项目施策，谋深重点支撑项目，建立生态产品价值实现重大项目库。结合区域特点，研究挖掘适宜、合格的抵质押品。

二是建议主管厅局指导地方相关部门靠前服务、创新业务模式，在遵守国家法律法规前提下，为市场主体办理合格抵质押品的相关权属证明，便于企业和银行开展融资业务。

三是建议有关厅局深化研究，出台相关规范制度，明确"生态资源资产包"的设计要求、VEP 核算方法、资产评估准则、授信与用信间配比关系等，并优先在国家生态产品价值实现试点城市、国家生态文明建设示范区、省级生态共富试点城市、两山合作社等重点项目上展开探索和应用。

（三）创新绿色金融产品和服务

产品和服务创新是做好绿色金融大文章的重要支柱，建议金融监管部门强化对相关金融机构的支持指导。一是支持指导政策性银行、商业银行等。进一步丰富和细化面向生态资源资产开发的信贷产品，实行利率与生态产品价值增值相挂钩的绿色信贷模式。创新担保方式，提升融资服务水平。二是支持指导绿色金融工具的多元化应用。深入推进证券、基金、保险等金融产品和服务模式创新。在生物多样性、碳汇等热门细分领域探索基金、期货等金融衍生工具，进一步扩大对生态资源资产开发项目的支持。

（四）完善风险分担和人才支撑体系

一是建立健全生态资源资产抵质押融资的保障机制。引导地方政府通过设置保费补贴、风险代偿基金等，降低保险成本和融资风险，构建地方性风险补偿机制。二是推动专业人才培养。从实际需求出发，开展金融机构专项人才培训，培育一批熟悉政策、业态、法律、财务等专业的金融产品研发、营销、管理人才。

第九章 生态共富与生态保护补偿机制

生态保护补偿机制是实现生态共富的关键制度保障。通过经济激励与政策调节，平衡生态保护者与受益者之间的利益关系，既可将生态优势转化为发展动能，又能促进区域协调发展与共同富裕目标的实现。生态保护补偿机制涵盖初次分配、再分配与第三次分配，这三者协同发力，形成"市场激励＋政府调控＋社会参与"的完整链条。其中，再分配与第三次分配在弥补市场不足、动员社会力量方面具有不可替代的作用，是健全生态保护补偿机制的核心环节。

一、对于生态保护补偿机制的理解

生态保护补偿机制的本质是通过制度设计实现生态价值的公平分配。其核心在于以经济手段调节生态保护与开发利用之间的矛盾，构建"保护者受益、受益者付费"的良性循环。初次分配依托市场机制，按生产要素贡献来分配收益，为生态保护提供基础动力。再分配通过政府主导的转移支付等途径调节收入差距，促进区域公平。第三次分配则借助社会力量自愿参与，形成多元补偿格局。在这三者中，初次分配是根基，再分配是调节器，第三次分配是补充剂，共同构成生态保护的经济基础。

（一）生态保护补偿的特点

1. 再分配

政府主导力强。生态保护补偿是指通过财政纵向补偿、地区间横向补偿、市场机制补偿等机制，对按照规定或者约定开展生态保护的单位和个人予以补偿的激励性制度安排。财政纵向补偿见专栏9-1。例如，2023年，中央财政重点生态功能区转移支付安排1091亿元、中央财政重点生态保护修复治理资金安排172亿元，推动加快实施山水林田湖草沙一体化保护和修复工程。横向转移支付则通过地方政府间协商来建立跨区域补偿机制。地区间横向补偿见专栏9-2。例如，皖浙两省通过地方政府间协商，在新安江流域探索建立跨省生态保护补偿机制。经过12年4轮试点，补偿范围已从单一的水质保护扩展到产业协作、人才共育等多领域。生态保护补偿机制实现了从资金补偿到产业协作、从协同治理到共同发展的创新转变。

专栏9-1　财政纵向补偿

范围与分类。根据《生态保护补偿条例》，财政纵向补偿主要用于对重要生态环境要素和生态功能重要区域开展保护的单位和个人。具体包括对森林、草原、湿地、荒漠、海洋、水流、耕地等重要生态环境要素开展保护的单位和个人，以及在重点生态功能区、生态保护红线、自然保护地等区域内开展生态保护的单位和个人。中央财政对这些领域实施分类补偿。主要是通过中央财政的一系列转移支付资金，包括林业草原转移支付资金、海洋生态修复资金、水污染防治资金、重点生态保护修复资金以及农业领域的相关转移支付资金对开展保护的单位和个人进行补偿。

补偿方式与资金来源。财政纵向补偿通过中央财政转移支付的方式实施，资金来源于中央财政预算。地方政府根据中央财政的拨款，将补偿资金及时补偿给开展生态保护的单位和个人。由地方政府统筹使用的生态保持补偿资金，应优先用于自然资源保护、生态环境治理和修复等用途。

专栏 9-2　地区间横向补偿

补偿机制的建立与实施。地区间横向补偿一般指生态受益地区与生态保护地区人民政府通过协商等方式建立生态保护补偿机制，明确补偿范围、目标、责任、方式等关键事项。《生态保护补偿条例》第十五条明确规定了补偿机制的适用范围，包括江河流域上下游、左右岸、干支流所在区域，以及重要生态要素所在区域等。此外，地方政府需签订书面协议，确保补偿资金及时到位，不得截留、挪用或拖欠。

财政支持与政策引导。中央财政和省级财政对重点区域的横向生态保护补偿应给予支持。《生态保护补偿条例》第十六条指出，中央财政和省级财政可以对跨省、跨自治区的重点区域提供引导支持。此外，国务院相关部门应在政策、资金等方面给予适当支持，以推动地区间横向补偿机制的实施。

补偿范围与方式。地区间横向补偿主要针对江河流域上下游、生态功能重要区域以及重大引调水工程水源地等区域。例如，长江流域干流及其重要支流被列为横向生态保护补偿的重点区域。补偿方式包括资金补偿、对口协作、人才支持等。

制度约束严。财政转移支付的实施依托法律法规和标准化流程，要确保资金分配的规范性与有效性。财政转移支付依赖法律法规和行政手段保障执行，具有明确的权责边界与操作规范。《生态保护补偿条例》明确财政转移支付的适用范围，确保资金精准投向森林、草原、湿地等核心生态领域。除《生态保护补偿条例》外，《中央对地方重点生态功能区转移支付办法》明确了资金分配公式，将森林覆盖率、标准财政收支缺口等指标纳入测算。地区间横向补偿通过地方政府间协议细化权责，以跨界断面水质（如氨氮、总磷浓度）或水质达标率作为核心考核指标。长江经济带11省市协议规定，若上游省市出境水质达到Ⅱ类标准，则下游省市每年支付固定补偿金；若未达标，则上游省市需向下游省市补偿。

覆盖范围广。财政转移支付已形成多维度、多层次的全域覆盖网络。从2020年起，每年中央财政生态保护补偿资金投入已达到2000亿元（见图9-1）。森林生态效益补偿制度实现国家级生态公益林全覆盖；草原生态保护补助奖励政策覆盖全国80%以上的草原面积。到2020年，国家重点生态功能区转移支付已覆盖31个省（区、市）和818个县域。截至2024年，全国已有24个省（区、市）建立28个跨省流域生态补偿机制，新安江流域、黄河流域等试点已取得显著成效。此外，地区间横向补偿机制的应用范围从单一领域扩展到多领域。除跨省河流补偿外，地区间横向补偿机制逐步将大气污染联防联控（如京津冀大气治理）、生物多样性保护等领域纳入补偿体系。

（亿元/年）

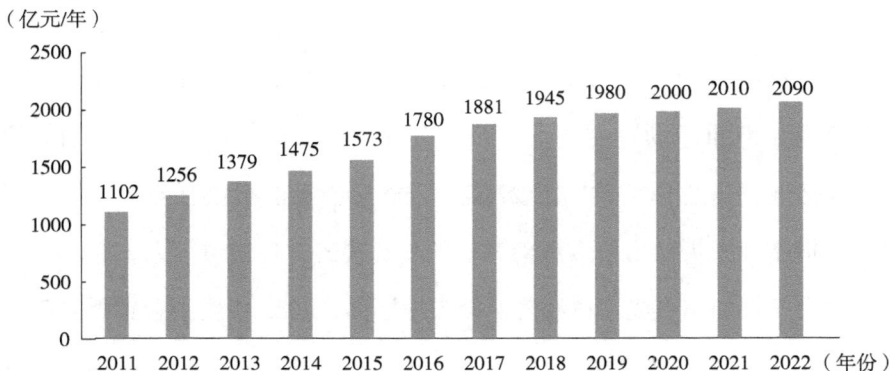

图9-1　中央财政生态保护补偿资金投入情况

资料来源：笔者绘制。

2. 第三次分配

社会参与主体多元化。第三次分配突破政府单一主导的局限，形成企业、社会组织与公众协同参与的多元主体格局。企业通过设立专项基金或慈善信托将资金直接投入生态保护，如万向集团捐资支持低碳技术研发。社会组织发挥专业优势深入社区动员，如桃花源基金会联合当地居民开展生物多样性监测活动。公众则借助数字化平台广泛参与生态保护活动，如"蚂蚁森林"吸引超5亿用户以低碳行为积累绿色能量，实现荒漠植树200万亩。

形式灵活且创新性强。第三次分配不受固定政策框架约束，可依据区域需求与资源禀赋灵活设计参与模式。企业探索"资金＋技术＋产业"融合路径，如蚂蚁集团十年累计投入3亿元治理荒漠，同步引入光伏治沙技术提升生态修复效率。社会组织创新"公益＋商业"可持续机制，中国绿色碳汇基金会将碳汇交易收益反哺造林农户，实现生态保护与乡村振兴双赢。个人参与渠道日益多样化，碳普惠平台将日常节水节电、绿色出行等行为量化为积分，积分可兑换植树权益或环保商品，以微行动汇聚大能量。

依赖社会观念与经济基础。中国慈善事业的发展呈现出"社会观念与经济基础双重驱动"的特征。在社会观念培育层面，自然人捐赠规模达 339 亿元，占总捐赠款物的 22.42%，虽与企业捐赠仍有差距，但持续增长的捐赠规模折射出公众慈善意识的显著提升，标志着"人人慈善"的社会氛围正在加速形成。在经济基础支撑层面，2023 年度企业捐赠总额达 1156 亿元，占总捐赠款物 1510 亿元的 76.56%，凸显民营经济在第三次分配中的关键作用。

（二）完善生态保护补偿机制的重点

生态保护补偿机制的本质是通过制度化手段平衡保护者与受益者的权责利益，其完善路径需围绕"谁来补、补给谁、补多少、怎么补"四大核心问题，构建责任明晰、对象精准、标准科学、方式多元的可持续体系，推动生态保护从"被动输血"向"主动增值"转型。需重点聚焦以下四个方面。

主体界定清晰化，破解"谁来补"的问题。构建政府主导、市场调节、社会参与的多元主体共担机制。政府通过财政纵向补偿机制夯实基础补偿责任，强化中央对重点生态功能区的资金与绩效的管理；地区间横向补偿需完善跨区域协议框架，协商确定受益地区对保护地区的法定补偿义务，破解"权责错配"难题。市场机制重点激活生态权益交易、绿色金融等工具，引导企业通过碳汇购买、生态债券等方式履行补偿责任。社会力量通过公益捐赠、志愿参与等方式补充补偿缺口，形成多层次责任分担网络。

对象识别精准化，破解"补给谁"的问题。补偿对象需精准锚定直接承担生态保护成本的主体，包括生态功能区政府、因生态保护受约束的社区及个体。通过建立生态保护成本核算与利益受损评估机制，识别因限制开发而牺牲发展机会的区域和群体，确保补偿资金精准覆盖保护一线。加强对生态脆弱区居民、原住居民等特殊群体的定向补偿，避免"资金空转""普惠式平均"，提升补偿的靶向性与公平性。

标准动态量化，破解"补多少"的问题。补偿标准需突破静态定额模式，建立"成本核算＋价值评估＋动态调整"的科学测算体系。基础补偿应覆盖生态保护直接成本（如管护投入、产业退出损失），绩效补偿则与生态服务价值增量（如碳汇量、水质改善度）挂钩，动态调整区域发展水平、物价指数等参数。地区间横向补偿需探索市场化定价机制，通过协商谈判或交易平台形成浮动标准，以体现生态资源的稀缺性与区域差异性。

补偿方式多元化，破解"怎么补"的问题。财政纵向补偿以财政资金为主，侧重生态修复工程与公共服务均等化；地区间横向补偿强调协议约束与市场化工具，推动资金、技术、产业补偿有机结合；社会补偿重点拓展"公益＋商业"创新模式，通过碳普惠、生态认养等方式撬动公众参与的积极性。同时，依托数字化技术构建"监测—核算—支付—评估"全流程闭环体系，实现补偿资金精准投放与效能追踪，确保"补得准、管得住、可持续"。

二、生态保护补偿的典型路径及案例

（一）财政纵向补偿

1. 典型路径

一是重点生态功能区补偿机制。重点生态功能区是国家生态安全屏障的核心承载区，承担着水源涵养、水土保持、防风固沙等重要生态功能。

重点生态功能区补偿以"中央主导、精准调控"为核心，通过财政纵向补偿来弥补地方发展权受限的损失，推动生态保护与民生改善协同发展。首先，中央财政通过重点生态功能区转移支付、均衡性补助等渠道，直接填补地方因限制开发导致的税收缺口和公共服务短板。其次，根据生态效益外溢性、生态功能重要性、生态环境敏感性和脆弱性等指标，动态调整转移支付规模。例如，对于青藏高原、南水北调水源地等生态功能重要区域，转移支付系数要更高，还需补充生态环保支出，确保其基本公共服务保障能力高于同等财力地区。再次，支持发展替代性绿色产业，如生态农业、清洁能源等产业，通过产业补贴、税收优惠等政策增强地方内生动力。最后，鼓励地方建立"省级以下"差异化补偿制度，省级财政对市县承担的保护任务进行二次统筹，确保补偿资金向基层保护一线倾斜。

二是重要生态环境要素系统化补偿。生态环境要素是生态系统的构成单元，其保护成效直接关系到全域生态安全。财政纵向补偿聚焦森林、湿地、草原、水流等关键要素，探索"分类施策、精准补偿"的路径。例如，对公益林实施生态效益补偿，补偿标准按管护面积发放，国家级公益林补偿标准为每年每亩 10 ~ 16 元，地方可额外叠加补助。对湿地推行退耕还湿、生态补水等工程性补偿，部分地区按湿地恢复面积给予一次性补助（如每亩 500 ~ 2000 元），或通过生态补水成本分摊机制补偿。对草原落实禁牧休牧奖励，禁牧休牧奖励标准为每年每亩 7.5 ~ 22.5 元，根据草原退化程度分档补贴。对江河源头、重要水源地等区域，补偿标准需结合水质达标率和水资源贡献量计算，部分地区试点按断面水质考核结果动态调整地区间横向补偿金额。同时，资金投向需兼顾生态修复与民生改善，还要支持要素保护技术研发、监测体系建设和社区参与式管理等措施。通过要素补偿的"点状突破"，可系统性增强生态产品供给能力，为全域生态质量提升夯实基础。

三是以国家公园为主体的自然保护地综合补偿。以国家公园为主体、自然保护区为基础、各类自然公园为补充的自然保护地体系，是生物多样性保护的战略核心区。财政纵向补偿通过设立国家公园专项资金，重点支持生态保护修复、监测体系建设、特许经营设施建设及社区共建等项目。补偿机制突出"全域统筹"，将保护地居民的生产生活纳入补偿范围，通过生态移民搬迁补助、生态管护岗位设置、特许经营收益分成等方式，缓解保护与发展之间的矛盾。同时，强化"央地协同"资金保障制度，建立国家公园财政事权与支出责任清单，引导地方政府配套资金和社会资本投入，构建"政府主导、多元参与"的长效补偿模式，实现生态保护、民生改善与制度创新的有机统一。

2. 典型案例

①浙江省生态公益林补偿——让叶子变票子

浙江省委、省政府高度重视公益林建设。1996 年，浙江省在全国率先实施森林分类经营试点，将森林划分为公益林和商品林。2001 年，浙江省全面启动公益林建设，经过区划界定和新增扩面，截至 2023 年，浙江省省级以上公益林建设规模为 4445.63 万亩，约占全省林地面积的 45.4%。自 2004 年创新性地建立森林生态效益补偿制度以来，浙江公益林生态效益补偿制度进一步完善，财政投入逐步增加，惠民政策逐一落实。截至 2022 年 10 月，已累计发放补偿资金 200 亿元，惠及 255 万户 817 万余人。公益林建设成为浙江林业建设史上规模最大、投资最多、惠农最广、生态功能最全的生态工程和民生工程，取得了巨大的生态效益和社会效益。

逐步提高补偿标准，推进实行分类补偿。自 2004 年起，浙江省持续提升省级以上公益林补偿标准，截至 2020 年已进行了 11 次上调。公益林最低补偿标准从 2004 年的每亩 8 元，逐步提升至 2023 年的每亩 36 元。在一些重点区域，补偿标准更高。在主要干流和重要支流源头县、淳安县等 26 个加快发展县以及省级以上自然保护区，公益林补偿标准能达到每亩 43 元（见图 9-2）。除省级层面的调整外，部分市县还根据自身财力和区位特点，实施精准补偿政策。以宁波市为例，该市依据区域类型建立了生态效益差别化分类补偿制度，一般区域、大中型水库水源地、中心城区供水水库水源地、四明山区域的补偿标准分别为每亩 40 元、45 元、95元、150 元。德清县出台《进一步深化完善生态保护补偿机制实施意见（试行）》，将水源地保护区域划分为 5 个等级，补偿标准分别为每亩 180 元、130 元、100 元、60 元和 40 元。

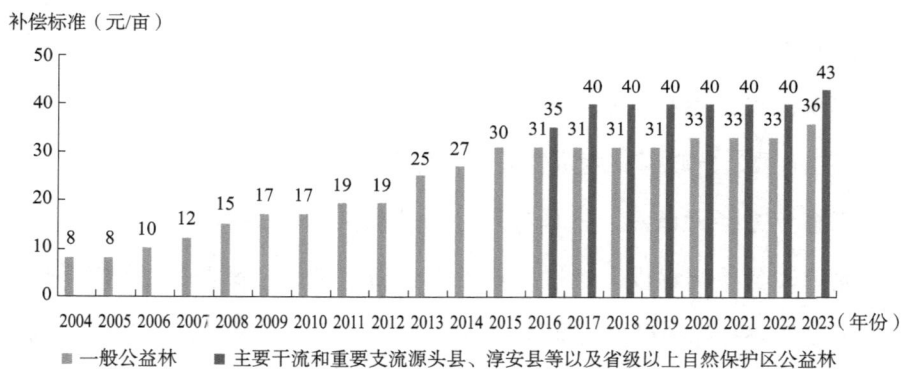

图9-2 浙江省公益林补偿标准

资料来源：笔者绘制。

建立完善补偿机制，着力健全制度体系。浙江省着力建立健全公益林补偿等相关法律法规，从制度层面保障公益林补偿政策落到实处。

一是 2017 年颁布实施的《浙江省公益林和森林公园条例》，该条例对森林生态效益补偿机制和资金管理作了规定，明确指出"省人民政府应当建立森林生态效益补偿机制，根据经济社会发展情况逐步提高公益林补偿标准，优先保障重要生态功能区"。

二是 2019 年修订出台的《浙江省森林生态效益补偿资金管理办法》，该文件确立了公益林补偿政策周期评估机制，明确指出森林生态效益补偿资金原则上以三年为一周期，到期后对资金进行周期综合评价，并根据评价结果，适时调整和完善政策。

推行"一卡式"发放，开展阳光工程监督。为确保补偿资金运行安全，推行一卡式发放，按照"事项全公开、过程全规范、结果全透明、监督全方位"的"四全"要求，通过银行或农信社将资金直接汇入老百姓个人卡里，减少中间环节，确保资金不截流、不挪用。推进公益林"阳光工程"建设，实行网上公开和实地公示相结合模式，通过公布公益林面积表、分布示意图、护林员和监管员相关信息、监督举报电话等信息，自觉接受群众监督。

②浙江耕地生态保护补偿——创新模式与可持续路径探索

构建耕地保护补偿机制，是全面贯彻落实"藏粮于地"国家战略、落实耕地保护共同责任机制的重要举措之一。2009 年，浙江省率先探索建立耕地保护补偿机制，并于 2012 年开展省级试点工作。2014 年，试点范围进一步扩大，由最初的 9 个县（市、区）增加至 17 个县（市、区）。经过多年试点实践，2016 年 3 月，浙江省在总结经验的基础上，决定自当年起在全省范围内建立耕地保护补偿机制。各市、县政府需遵循"谁保护，谁受益"的原则，对耕地保护行为给予经济补偿。

明确补偿对象与标准。一是确定补偿对象。补偿对象为承担耕地保护责任的农村集体经济组织和农户，重点补偿永久基本农田。二是制定补偿标准。省级补偿标准为永久基本农田每年 40 元／亩，其他耕地每年 30 元／

亩。各地可根据实际情况适当提高补偿标准，如临海市将永久基本农田补偿标准提高至 70 元 / 亩。三是落实资金来源。补偿资金主要来源于土地出让收入、新增建设用地土地有偿使用费、农业支持保护补贴资金等。

强化资金监管与使用。一是建立监管制度。浙江省建立了严格的补偿资金监管制度，确保专款专用，防止资金挪用。二是规范拨付流程。补偿资金通过"一卡通"等方式直接发放到农户手中，减少中间环节。三是评估资金使用效益。将补偿资金使用效益与下一年度资金分配挂钩，对耕地保护成效显著的地区给予倾斜，对存在违法占用耕地的地区实行"一票否决"制度。

提升耕地保护意识与能力。一是加强宣传引导。通过多种渠道宣传耕地保护法律法规和补偿政策，增强农民保护耕地的意识。二是开展技术培训。推广耕地质量提升技术，指导农民科学使用绿色农业投入品。三是建立激励机制。对耕地保护工作表现突出的农村集体经济组织和农户给予表彰和奖励。

（二）地区间横向补偿

1. 典型路径

流域横向生态补偿路径。流域横向生态补偿聚焦上下游水环境治理责任划分，通过"水质对赌协议 + 资金双向流动"机制破解跨界污染难题。首先，建立流域内行政区间的横向生态补偿协议，以断面水质监测数据为基准，将化学需氧量（COD）、氨氮等核心指标作为考核目标，若上游出境水质优于约定标准，则下游地区支付补偿金；反之则上游地区向下游地区补偿。其次，创新"资金池共管"模式，如浙江与安徽在新安江流域试点中，资金专项用于水源涵养、污染防治等项目。最后，探索"产业反哺"延伸机制，下游地区通过共建"飞地产业园"、定向采购上游绿色产品等方式，将补偿从"单向输血"升级为"产业造血"，实现生态保护与区域协作双赢。

大气横向生态补偿路径。大气横向生态补偿聚焦跨区域大气污染协同治理责任划分，通过"浓度目标考核 + 双向资金补偿"机制破解"跨界污染难追责"问题。首先，建立相邻行政区域的大气质量对赌协议，以 $PM_{2.5}$、臭氧（O_3）等核心指标的年均浓度为考核基准，若污染输出方空气质量改善幅度未达约定目标，则需向污染输入方支付补偿金，反之污染输出方则获得补偿金。例如，河南省与山东省在 2023 年签订黄河流域大气污染联防联控协议，约定交界区域 $PM_{2.5}$ 年均浓度每超标 1 微克 / 米 ^{3}，两省每年出资 500 万元，专项用于大气污染治理技术升级。其次，推行"区域共治基金"模式。例如，京津冀及周边地区设立大气污染防治专项资金池，按地区生产总值比例分摊出资，重点支持钢铁超低排放改造、新能源重卡替换等项目。最后，探索"产业协同减排"延伸机制，污染输入方通过技术帮扶、清洁能源共享等方式反哺污染输出方。例如，江苏向安徽提供工业脱硝技术援助，降低跨省传输污染负荷，实现大气治理成本共担与效益共享。

森林碳汇横向生态补偿路径。森林碳汇横向生态补偿聚焦碳汇资源供给与需求区域利益平衡，通过"碳汇量核算交易 + 定向反哺"机制破解"生态贡献难变现"难题。首先，建立跨区域碳汇量核算与交易规则，以森林蓄积量、碳储量监测数据为依据，由碳汇输入方（如工业发达地区）按市场价格购买碳汇输出方（如生态功能区）的碳汇指标。例如，广东省2023 年推行省内碳普惠机制，清远市连南瑶族自治县向佛山市顺德区出售 20 万吨林业碳汇，成交价 60 元 / 吨，成交资金专项用于林分优化和护林员队伍建设。其次，创新"碳汇银行"托管模式，如福建省三明市与杭州市签订森林碳汇合作框架协议，由杭州企业注资设立碳汇基金，三明市通过碳汇增量质押获得低息贷款，用于发展林下经济和森林康养产业。最后，深化"绿色产业飞地"共建机制，碳汇输入方通过产业转移、园区共建等方式反哺碳汇输出方。例如，上海在浙江丽水建设"生态科创飞地"，定向孵化竹木精深加工、碳汇监测技术等绿色项目，推动森林资源"护绿生金"。

2. 典型案例

新安江—千岛湖流域横向生态补偿

新安江流域是我国首个跨省流域生态补偿机制试点地区，涉及安徽省黄山市和浙江省杭州市。新安江发源于安徽省黄山市，流经浙江省杭州市淳安县，最终汇入千岛湖。新安江流域内生态环境优美，但面临着水污染防治、生态保护和经济发展协调等挑战。为解决这些问题，2012 年在习近平总书记亲自倡导下，新安江流域启动了全国首个跨省流域生态补偿机制试点。浙皖两省以"共饮一江水"的责任担当，开启跨省流域生态保护补偿机制探索，历经约 13 年实践，形成以"生态优先、合作共赢"为核心的"新安江模式"。该模式通过建立跨区域生态补偿标准、创新多元化协作机制、强化制度保障，实现了生态保护与区域发展的良性互动，成为全国流域横向生态补偿的标杆样本。

建立以"对赌协议"为核心的生态补偿标准体系，破解单一资金补偿局限。两省以"谁受益谁补偿、谁保护谁受偿"为原则，构建以水质考核为核心的补偿机制。创新构建基于两省跨界断面水质对赌、奖惩联动的资金补偿机制。在前三轮试点中，若跨界考核断面的水质达标，则补偿资金由浙江省拨付安徽省，反之补偿资金则由安徽省拨付浙江省。第四轮创新

"基数＋增长"筹资模式，在 10 亿元的基础上，年度补偿资金总额随两省的地区生产总值增速加权平均值同比递增，并在上下游分配中以产业和人才补偿指数作为依据。截至 2024 年，累计投入补偿资金 82 亿元，其中浙江省投入 27 亿元。

探索多元化补偿路径，构建上下游协同发展新生态。在资金补偿基础上，两省以区域一体化为目标，拓展产业、人才、公共服务等多元协作。2019 年起，两省先后签署"1+9"战略合作框架协议、杭黄旅游廊道战略协议，推动杭州都市圈与黄山协同发展，文旅、科创等产业跨区域联动。2023 年，依托"浙皖合作十件事"机制，聚焦项目共推、人才共育、产业共建等 43 项细分事项，涵盖通用航空、乡村建设、民宿认证等领域，浙江通过产业帮扶、人才培训等方式增强安徽"造血"功能。例如，杭州企业到黄山共建绿色产业园，推动茶叶、中药材等生态产业升级；两地互派专业人才交流，提升生态治理技术水平。多元化补偿打破了"就水论水"的传统补偿模式，实现了生态保护与经济发展的深度融合。

强化全流域系统治理与制度保障，夯实生态产品价值实现根基。两省坚持"生态优先、系统治理"原则，上游安徽实施山水林田湖草沙综合治理，推进水上、岸上、产业污染源全监管，关闭污染企业，拆除网箱养殖，建设污水处理设施，筑牢长三角绿色生态屏障。下游浙江通过千岛湖生态保护反哺上游，形成"保护—补偿—发展"闭环。同时，注重制度创新，将生态补偿纳入地方考核，制定地方性法规，明确流域保护事权与支出责任，建立责任清晰、奖罚并重的长效机制。例如，"十四五"规划将杭黄旅游廊道上升为国家战略，以制度刚性保障跨区域协作。实践证明，"新安江模式"的成功得益于从源头治理污染、以制度规范行为，既守住了"一江清水"，又为生态产品价值实现提供了可复制的制度框架。

（三）再分配

1. 典型路径

设立生态保护补偿基金。生态保护补偿基金通过市场化运作整合社会资金，为生态保护提供长期稳定的资金支持。首先，政府通过政策引导和专题座谈推动生态保护补偿基金体系建设。例如，国家发展改革委召开专题会议，协调国家开发银行、中国农业发展银行等机构探讨生态保护补偿基金募资与管理模式。其次，专业基金主体发挥示范作用。例如，国家绿色发展基金通过多元化投资机制支持生态修复项目，中国绿化基金会依托成熟经验构建"公益+市场"的生态补偿路径。再次，基金投向生态薄弱领域，如荒漠化治理、生物多样性保护等，形成资金与项目的精准匹配。最后，通过公开透明的运作机制吸引社会资本参与，例如，中国绿色碳汇基金会通过设立专项基金，引导企业资金定向投入碳汇林建设。

开展公益项目。公益项目通过将理念传播与行动落地相结合，构建政府、企业、社会组织的协同保护网络。首先，企业通过创新宣传来提升公众意识。例如，三只松鼠股份有限公司（以下简称"三只松鼠"）联合公益组织发起微博话题活动，以纪录片形式传播生物多样性保护成果。其次，企业直接参与生态修复实践。例如，"蚂蚁森林"推出"古树保护模式"，联合地方政府对古树名木实施数字化监测与养护。再次，跨界合作形成保护合力。例如，"天猫"发起的"黄河治造"项目联合品牌方探索"生态保护+产业振兴"新模式，推动黄河流域综合治理。最后，公益项目注重长效性。例如，宝马集团连续三年资助辽河口湿地保护，形成"资金+技术+监测"的全周期支持体系。

资金捐赠。多元化资金捐赠形式，为生态保护注入资源，实现资金、物资与智力的协同供给。首先，企业提供直接资金支持。例如，蚂蚁集团捐赠 1 亿元用于内蒙古治沙，宁波 12 家企业联合捐赠 652 万元环保基金。其次，物资捐赠补充生态保护一线需求。例如，三只松鼠向巡护员捐赠坚果作为野外工作补给，提升保护行动可持续性。再次，智力捐赠推动技术赋能。例如，科大讯飞股份有限公司投入 1000 万元支持泾县毛竹生态保护，同时提供 AI 技术优化林业资源管理。最后，慈善基金平台整合资源。例如，大自然保护协会通过线上线下募捐，将公众小额捐赠转化为湿地修复、濒危物种保护等项目的规模化资金池。

志愿服务与公众参与相结合。志愿服务通过实践参与和理念普及双重路径，形成全民参与的生态保护社会基础。首先，组织活动强化实践参与。例如，桃花源基金会招募志愿者开展生态监测、植树造林等活动，将个体行动转化为系统性保护力量。其次，普及理念提升认知水平。例如，大自然保护协会通过直播科普红树林生态价值。再次，社区参与推动机制落地。例如，环保组织在青藏高原开展社区共管计划，引导牧民参与雪豹栖息地保护行动并给予生态补偿。最后，绿色消费引导责任转化。例如，公众通过购买有机农产品、参与生态旅游等行为，形成"市场选择倒逼生态友好"的良性循环。

2. 典型案例

① "蚂蚁森林"——全民参与的生态保护补偿创新实践

"蚂蚁森林"是蚂蚁集团于 2016 年推出的一个公益项目，旨在通过互联网平台激励公众参与低碳生活，并将积累的"绿色能量"转化为实际的生态修复和保护项目。该项目通过捐赠资金支持各地的生态建设，包括植树造林、生态廊道修复、野生动物栖息地保护等。截至 2023 年 8 月，"蚂蚁森林"已累计捐资超过 34 亿元，支持了全国 22 个省份的生态建设。

公众参与机制创新与生态修复成效提升。"蚂蚁森林"通过构建"低碳行为—虚拟植树—实地造林"的激励机制，将公众日常行动转化为生态保护实践。依托支付宝平台，用户通过步行、线上缴费等低碳行为积累绿色能量，累计吸引超 7 亿人参与，形成全民参与的绿色行动网络。生态修复方面，"蚂蚁森林"在内蒙古、甘肃、河北、陕西、青海、宁夏、新疆等 13 个省份，已种下超 5.48 亿棵树，种植总面积达 580 万亩。生物多样性保护方面，"蚂蚁森林"在青海、云南、四川、西藏、吉林、黑龙江、广东等共计 16 个省份参与共建 34 个公益保护地，面积超过 4900 平方千米。

多方协作推动生物多样性保护与社区发展。以"政府指导 + 企业出资 + 专业机构执行"的多方合作模式，"蚂蚁森林"推动生态保护与社区经济协同发展。例如，在云南云龙滇金丝猴廊道修复项目中，蚂蚁集团联合云南省绿色环境发展基金会、大自然保护协会，通过种植华山松、云杉搭建基因交流通道，降低滇金丝猴种群退化风险，同时为当地居民提供造林、管护等就业岗位，实现生态修复与增收双赢。类似模式还延伸至山东、福建沿海，通过修复海草床、红树林来保护海洋生态，形成陆海联动的保护体系。

多元场景拓展构建系统性保护格局。"蚂蚁森林"突破单一植树模式，通过设立保护地、探索海洋生态修复等创新路径，打造立体化生态保护网络。芒杏河保护地的设立为菲氏叶猴等珍稀物种提供稳定栖息地，山东荣成的海草床修复项目则通过移植鳗草恢复海洋碳汇功能。"蚂蚁森林"还通过"互联网 + 自然教育"提高社会影响力，如通过线上直播介绍红树林生态价值，组织用户参与保护地探访，推动公众从认知到行动的深度转化。这一系统性布局不仅修复退化生态系统，更通过技术赋能和模式创新，为全球数字时代的生态保护提供中国方案。

②青山村"善水基金"——创新多元化生态保护补偿模式

青山村位于浙江省杭州市余杭区黄湖镇，距离杭州市中心42千米，森林覆盖率接近80%，拥有丰富的毛竹资源。村内的龙坞水库建于1981年，常年为青山村及周边村庄提供饮用水。然而，自20世纪80年代起，为增加毛竹和竹笋产量，村民在水库周边的竹林中大量使用化肥和除草剂，导致水库氮磷超标，影响了饮用水安全。为改善水源生态，青山村从以下几个方面发力。

组建"善水基金"信托，建立生态补偿机制。2014年，青山村与生态保护公益组织——大自然保护协会合作，成立全国首个水基金信托"善水基金1号"，以信托合同的方式约定利益分配，建立市场化、多元化、可持续的生态保护补偿机制。基金累计投入100万元，用于集中科学管理龙坞水库周边关键林地1000亩。通过禁止使用农药、除草剂、化肥及林下植被修复等方式，恢复林下植被100亩，有效消除汇水区内农业面源污染。

坚持生态优先，转变生产生活方式。在当地政府和青山村的支持下，"善水基金1号"信托流转了水源地汇水区内500亩毛竹林地，基本实现了对水库周边全部施肥林地的集中管理，有效控制了农药、化肥的使用和农业面源污染。同时，大自然保护协会作为信托的科学顾问，推动村民基于自然理念转变生产生活方式，如开展人工除草和林下植被恢复，杜绝使用除草剂等。

发展绿色产业，构建长效机制。在开展水源地保护的同时，青山村积极探索绿色产业发展模式。一方面，通过销售生态农产品、开发文创和传统手工艺品、发展生态旅游等方式，增加村民收入。例如，引进传统手工艺保护组织"融设计图书馆"，将当地传统手工竹编技艺提升为金属编织技艺，并进行市场销售。另一方面，成立善水基金运行主体——杭州晴山生态农业有限公司，带领村民以符合生态环境保护标准的方式开展生产经营，村民再将每年收益的 5% ～ 10% 回馈给"善水基金"。

创新共建共治共享方式，扩大生态"朋友圈"。青山村推广"自然好邻居"计划，鼓励村民采用"近自然"的生产生活和经营方式，为来访者提供绿色农家饭和民宿服务等。此外，将村内废弃的小学改建成"青山自然学校"，与多家企业、学校合作，开发特色志愿者服务和自然体验产品。每年组织自然体验和志愿者活动 200 余次，带动年均访客增加 4 万人以上。

三、生态保护补偿中存在的问题

（一）再分配机制方面

生态保护补偿标准待提升。当前生态保护补偿标准普遍低于实际保护成本，导致保护地区财政压力持续增大。以云南省为例，2022 年中央财政下达的生态功能区转移支付资金为 65.5 亿元，但同期全省生态保护修复资金需求仍存在缺口。内蒙古草原禁牧补助仍为 6 元 /（亩·年），远低于实际管护成本。部分地区生态保护修复资金到位率不足。这种补偿标准与保护成本的倒挂，一定程度上制约了生态保护项目的可持续推进。

生态补偿资金结构待优化。从生态补偿资金结构来看，中央财政转移支付占比长期稳定在 75% 以上，这体现了中央对于生态保护工作的大力支持和担当。然而，地方财政收支方面却面临着日益复杂的局面。2023 年上半年，全国部分省份财政收入增长情况出现波动。在此情况下，地方政府基于保障社会稳定和基本运转的考量，会将更多财力优先投入"三保"

（保基本民生、保工资、保运转）支出。这使得生态保护支出在财政支出中的占比有所降低。以湖北神农架林区为例，当前的生态补偿资金能够覆盖一定比例的管护成本，为当地生态管护工作提供了重要支撑。不过，部分市县在资金紧张的情况下，出现了生态管护人员工资发放周期延长的情况。尽管面临这些挑战，但基层生态保护工作者依然坚守岗位，积极克服困难，保障生态保护工作的有序开展。后续，期待通过进一步优化生态补偿资金结构，凝聚中央与地方政府的力量，为生态保护事业注入更强大的动力。

（二）第三次分配方面

慈善捐赠税收激励待强化。慈善捐赠是社会公益事业的重要支撑，我国税收激励政策虽发挥一定作用但仍有提升的空间。2023 年，个人捐赠所得税税前扣除比例设 30% 上限，激励作用有限。2023 年全国接收捐赠总额为 1510 亿元，个人捐赠 339 亿元、占比 22.45%，反映出个人捐赠潜力未充分释放。企业捐赠方面，复杂的申报程序与较高的合规成本使企业实际享受的税收减免金额不足应减免额，部分企业放弃优惠。这些制度现状限制了慈善捐赠规模的增长，但随着社会重视与政策优化，未来有望通过完善税收激励政策、简化申报流程、降低成本等措施来激发捐赠热情，推动慈善事业发展。

慈善信托发展掣肘待解。慈善信托作为第三次分配的重要方式，对公益事业意义重大，虽有进展但问题尚存。2023 年，慈善信托的规模较小且地区发展差异显著，新备案的慈善信托的规模不足公益慈善组织接收捐赠总额的 1%。过手型慈善信托占比较高，仅充当资金流转通道使用，存续规模小，未充分发挥资源配置优势。行业定位有偏差，有人认为慈善信托要取代慈善基金会，然而企业和高净值人群多青睐慈善基金会，信托公司的公益执行能力弱。配套制度不完善，税收制度的不足之处给信托公司开具发票造成了一定的困扰，运营成本增加、财产登记流程烦琐等问题限制了慈善信托财产来源的多元化。但随着公众的认知加深与制度的健全，未来慈善信托有望快速发展，为公益事业增添动力。

四、政策建议

（一）再分配机制优化对策

一是建立动态化、差异化的生态补偿标准体系。针对生态补偿标准与实际保护成本不匹配的问题，需构建动态调整机制，将生态保护成本核算与区域经济发展水平挂钩。通过科学评估不同地区的生态服务价值，制定差异化的补偿标准，对生态功能重要但经济欠发达的地区实施倾斜性补偿。同时，建立补偿标准与物价波动、管护成本变化的联动机制，确保补偿资金与实际需求同步增长。构建中央与地方资金协同机制。在加大中央转移支付力度的基础上，引导地方政府将生态保护支出纳入优先保障范围，探索土地收益、资源税等多元化资金来源，缓解地方财政压力。

二是强化多元协同的生态补偿资金保障机制。降低对中央转移支付的高度依赖，构建"财政主导、市场补充、横向联动"的资金筹措体系。中央财政应明确生态补偿的支出责任，提高生态功能区转移支付占比，建立补偿资金缺口专项补充机制。地方政府可通过生态产品价值实现机制，将碳汇交易、生态权益置换等市场化收益反哺生态保护。强制推进地区间横向补偿，为流域上下游、生态受益区与保护区建立补偿协商与约束制度，对拒不履行补偿义务的地区采取财政约束措施。此外，探索发行生态保护专项债券，引导社会资本参与生态修复项目，形成可持续的资金供给模式。

（二）第三次分配机制优化政策

深化慈善捐赠税收激励机制改革。想要破解个人捐赠积极性不足的难题，需提高慈善捐赠税收优惠力度，建立与国际接轨的税前扣除标准。针对个人捐赠，可推行阶梯式税收抵扣政策，对长期、大额捐赠给予更高比例优惠；对企业捐赠，应放宽扣除限额，简化申报流程，降低合规成本。同时，完善非货币捐赠税收政策，消除股权、不动产等非货币捐赠的双重征税问题。通过全国统一的慈善捐赠信息平台，实现税务、民政部门数据互通，缩短税收优惠兑现周期，提升政策执行效率。

健全慈善信托制度与配套支持体系。要打破慈善信托发展壁垒，需从法律、财税、登记等环节系统优化制度设计。明确慈善信托享受与慈善组织同等的税收优惠，解决财产设立、持有、处置环节中的税收问题。完善非货币资产捐赠的登记与过户规则，建立慈善信托专项通道，简化股权、证券等非现金资产的流转程序。推动慈善信托与家族信托、公益基金等工具融合，引导高净值人群通过信托回馈社会。加强监管与信息披露，构建公开透明的慈善信托运营环境，增强社会公众参与信心，促进第三次分配机制发挥更大作用。

第十章　生态资源资产包运作模式

生态共富战略的落地，从本质上讲，是通过对生态资源资产的运作，发挥区域的生态优势，形成具有市场竞争力的生态产业，并协同完善利益联结机制，实现共同富裕。

一、概念内涵

生态资源资产包运作模式是指在生态资源资产丰裕、具有较高开发价值的区域，统筹不同时空、权属、种类的生态资源资产，系统考量生态、经济、社会效益，整合政府政策性资金和绿色金融资金，统筹推进整体规划、资源储备、设权赋能、价值评估、配套建设和产业培育等，促进区域资源资产价值的实现，实现共同富裕。

（一）生态资源资产包的内在逻辑

资源是资产包的价值基础。合理搭配各类生态资源资产，是资产包成功配置、可持续运营的关键。资产包中的核心资产可提供足额的抵押品和稳定的现金流，是资产包的价值基础，是"绿产"变"资产"的关键所在。

产权是资产包的价值前提。以市场需求为导向，以统一行使所有权为主线，合理设定生态资源资产包的各项权利，通过资源收储、产权集中、管理整合等措施，形成较为统一的所有权行使架构，降低交易和开发成本，为生态资源资产的保护性开发和合理利用创造条件。

市场是资产包的价值源泉。多数生态资源资产属于非标资产，合理运用划拨、出让、租用、作价出租、入股、授权或特许经营等配置方式，建立规范透明的信息披露机制和公平竞争的市场环境，可发挥市场机制在价格发现、资源配置等方面的决定性作用，同时可以更好地发挥政府作用，让资产包的价值得以充分彰显。

产业是资产包的价值支撑。产业依托于各类生态资源资产，产业发展所产生的经济收益是资产价值属性的支撑。正如在城市经营中，高附加值产业通过租金收益和资产溢价提升不动产价值，进而支撑了城市土地的价值。

共享是资产包的价值导向。基于生态资源资产的所有权、用益物权和担保物权等的各类契约关系，是促进区域价值实现和绿色发展的关键因素。契约关系的设立是建立在生态资源资产公有制基础之上的，资产包的运营收益除满足社会资源投入和运营需求外，应反哺资产所有者，保障公共利益，实现价值共享，推动共同富裕。

（二）生态资源资产包的构成途径

想要将生态资源资产构成资产包，核心在于整合，通过资源资产整合，形成规模效应、整体效应、协同效应。

对不同资源资产进行整合，具体包括三个方面。一是横向整合，在同一空间范围内，对多个类别的生态资源资产进行整合，如"土地 + 水域""海域 + 岸线""林地 + 碳汇"等，形成"1+1 > 2"的效果。二是立体整合，综合开发地下、地上、低空资源，有效利用空间开发潜能，如海域分层确权及综合开发。三是跨区域整合，即不再局限于同一空间，整合有可能进行综合开发的资源，例如，江西省九江市整合不同区县的六宗湖泊资源实施整体出让和综合开发。

对不同权利进行整合，具体包括两个方面。一是产权整合，即整合原产权人的权利，将资源使用权通过统一平台进行流转、入股等操作来实现整合，并解决"碎片化"问题，再通过租赁、合作开发等方式实现产业经营，提升资源利用效率。二是协同管理，即通过委托代理机制和部门协同，实现不同层级不同部门管理权限的协同，简化程序，提高效率。

在生态资源资产整合过程中，应重点把握以下几个方面。一是突出核心，生态资源资产包要配置能产生持续现金流的核心资产，以作为资产包的"压舱石"。二是"肥瘦搭配"，将收益性强的资源资产与公益性强的资源资产搭配，实现经济收益反哺生态保护，推动生态资源资产保值增值。三是长短结合，动态、辩证地考量资源资产价值。四是协调共享，各级政府之间、政企及利益相关方之间应充分协商，用产生的收益促进区域共同富裕。

二、运作思路

生态资源资产包运作模式是在当前政策红利的背景下，聚焦生态资源资产丰裕、具有较高开发价值的区块，以专项资金为牵引，引导地方深化项目谋划实施、生态资源资产确权、数据资产确权等，撬动绿色金融吸引社会资本投入，协同实施生态环境治理项目和生态产业发展项目，形成"中央资金＋生态资源资产确权＋绿色金融＋数据资产确权"新模式，实现"多钱一用""一钱多用"，推动区域"绿水青山"向"金山银山"的高效转化。区域生态资源资产包运作模式思路框架见图 10-1。具体措施如下。

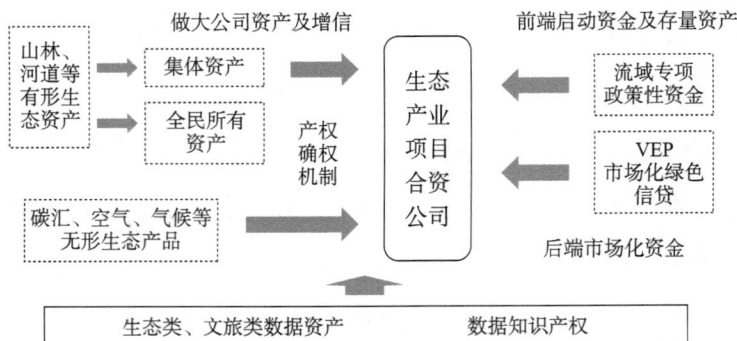

图10-1 区域生态资源资产包运作模式思路框架

第一，争取政策性资金。谋深谋实生态保护修复及基础配套项目，积极争取中央预算内、超长期特别国债、地方政府专项债券等政策性资金支持。尤其重要的是，要同步创新投融资机制，在项目实施后，做好资产登记及存量资产注入工作，引导地方将行政区内的同类资产注入专业的国有企业，如城投、水投、水务集团等，并构成法人产权。这样，国家投入的生态环境治理资金和地方配套资金就可以形成资产，并作为企业资本金和融资信用使用，为持续经营开发创造条件。

第二，强化生态资源资产确权。在重点开发的地域单元内，通过体制机制创新，对河道、水域、林地、农村建设用地及相关的生态产品等生态资源资产，实施确权颁证、三权分置、扩展用益物权、资产入股等措施，并采取征收、赎买、租用等方式整合原经营主体，将生态资源资产包的经营开发权集中到政府或国企平台，实现"净资产"出让，以解决资源分散、无序、低效的问题。

第三，强化生态产业谋划及绿色金融赋能。围绕生态农业、文旅、康养、知识经济等产业的融资需求，对接政策性银行、商业性银行等，通过VEP融资模式，获得优质、低利率的绿色融资。具体而言，按照"生态资源资产包+VEP+绿色金融"模式，将一定地域内山、水、林、田、湖、海等生态资源资产整合为"生态资源资产包"，开展VEP核算，系统评估生态产品价值，并将其作为区域整体融资授信的重要评估依据。

第四，推动数据资产入表。对重点开发地域单元内的生态、人流、消费、交通等数据进行确权登记，获得数据资产登记证书，形成数据资产，并将其注入开发主体资产负债表。数据资产既可以在数据交易所挂牌交易，也可以作为质押物来获取资金支持。

生态资源资产包运作模式的核心在于运作，将低效、分散、权属不清晰的资源资产聚合起来，综合考虑其种类、权属、管理、利益关系等，开展确权、整备、策划、经营等工作，最终形成生态资源资产包，激发生态资源资产的财富效应。在当前政策红利的背景下，通过"资金+资产"双轮驱动，加强多层级政府、多方面金融机构、多个项目主体间协作，充分挖掘生态资源资产的潜在价值，培育具有市场竞争力的生态产业，将"绿水青山"转化为"金山银山"，推动生态资源资产保值增值，助力创造更多社会财富。

三、实施路径

生态资源资产包运作模式的实施路径可以细化为以下几个步骤：配置生态资源资产包—评估生态资源资产包—交易生态资源资产包—金融赋能生态资源资产包。接下来，针对实施路径的具体步骤与常见的几种生态资源资产组合包的典型场景作简要介绍。

（一）配置生态资源资产包

按照生态优先、市场化配置的思路，通过"生态资源资产清单编制、生态资源资产确权登记、生态资源资产储备、生态资源资产规划"系列路径配置生态资源资产包（见图10-2）。

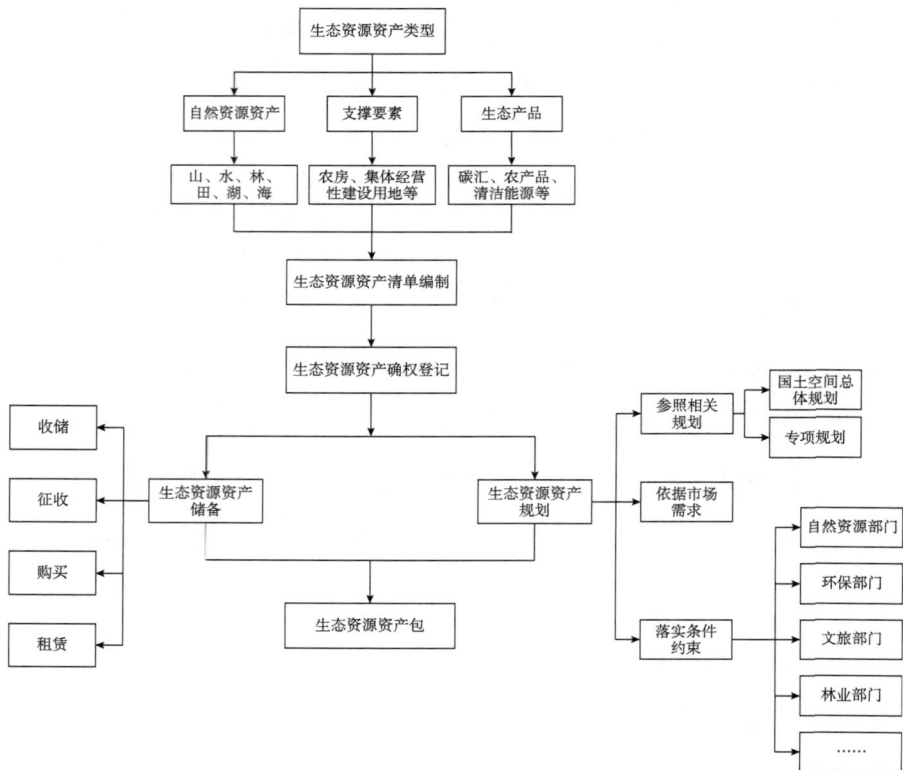

图10-2　配置生态资源资产包流程

资料来源：笔者绘制。

1.探索生态资源资产清单编制，明晰资产整体配置主体

生态资源资产的主要类型有：以山、水、林、田、湖、海等为代表的自然资源资产；以农房、集体经营性建设用地等为代表的支撑要素；以碳汇、农产品、清洁能源等为代表的生态产品。编制生态资源资产清单是推进产权主体规范化管理的基础性制度安排。针对当前生态资源资产产权分散于跨部门、多层级管理体系中的现状，亟待构建统一的产权实施主体，破解"多头管理、权责割裂"的实践困境。通过生态资源资产清单界定国土空间内各类生态资源资产的产权归属、行权边界及主体责任，重点确立跨类别、全要素生态资源资产整体配置的法定主体，明确生态资源资产整合调配权、收益分配权及监管义务。通过锚定生态资源资产配置的权责框架，为跨部门、跨层级的生态资源资产整体配置提供制度保障。

2.推进生态资源资产确权登记法定化，构建产权空间赋权机制

编制生态资源资产清单虽有助于梳理生态资源资产情况，但难以完全明晰生态资源资产的产权主体，尤其是在空间层面落实产权主体存在一定困难。生态资源资产确权登记是生态资源转化为生态资产的关键条件之一，它通过明确所有权来加强对生态资源资产空间范围的保护，同时也是开展生态资源资产整体配置的另一项关键基础性工作。

具体而言，这项工作需要系统厘清四个层面的权属关系：一是全民所有与集体所有在法律层面划定的边界；二是纵向各级政府在行使权力时的法定职责分工；三是集体所有权主体在空间上的划分界限；四是跨资源类别所设定的立体管控边界。通过全面掌握生态资源资产包内各类生态资源资产的产权主体，以及各类生态资源资产的面积、数量、空间分布位置、用途管制要求等详细信息，能够进一步明确不同类型的生态资源资产能产生的价值和生态保护修复要求。

3. 创新生态资源资产储备机制，破解多产权协同治理困局

传统土地储备制度历经二十年演进，已形成相对成熟的运行体系，并在新发展阶段转向片区综合收储模式。然而，面对生态资源资产包中交织的多元产权（国有／集体）、多维价值（经济／生态／社会）及多功能复合特征，单一的储备方式难以适配全域资源整合需求，需要创新生态资源资产储备机制。其核心在于构建"产权保留式整合"创新路径：通过收储、征收、购买、租赁等多元路径，在不改变既有产权归属的前提下，将碎片化的建设用地、林地、水域等资源使用权集约归集。例如，对生态保护区集体林地使用"购买＋地役权"组合工具，既可保障农户所有权收益，又将开发权定向转移至政府。

4. 深化生态资源资产规划，构建生态资源资产包

生态资源资产作为具有公共属性的特殊"商品"，其价值实现需遵循市场规律与生态保护的双重逻辑。生态资源资产规划是破解这一命题的关键，通过系统性整合，将分散的生态资源资产转化为可市场化运作的"资产包"。相较于单一资源开发，"资产包"通过多要素耦合和复合权能配置，形成更具竞争力的产品。如何规划兼具经济效益、生态效益与社会效益，且符合市场需求的生态资源资产组合？

统筹规划，绘制价值地图。生态资源资产规划的基石在于空间与功能的系统规划。依托生态资源资产规划与国土空间规划的"双规联动"，对生态资源资产进行统筹规划需完成三大任务。一是分区定性，通过功能分区划定资产价值等级，区分经营性资产与公益保护资产，明确资源开发的"红线"与"绿线"。二是价值实现，针对不同区域，制定差异化的价值实现路径，例如，生态敏感区侧重碳汇交易，文旅资源区聚焦体验经济，从而释放生态资源的整体溢价。三是构建准入清单，清晰界定哪些资源可进

入市场交易，哪些需永久保留为生态屏障，避免开发与保护之间的边界模糊问题。

洞察需求，"加工"生态产品。虽然生态资源资产包的梳理组合以政府为主导，但其生命力仍扎根于市场，要以需求侧为导向，根据市场需求"加工"生态产品。一方面要挖掘价值，调研市场主体（企业、社区等），识别其对资源的潜在需求，将自然资源的经济价值（如矿产收益）、生态价值（如碳汇指标）、社会价值（如文旅体验）转化为可交易的"权益包"。另一方面是权能适配，根据市场需求"加工设计"资源使用权能，例如，允许企业通过租赁的方式获得特定区域的生态修复权，或向公众开放休闲用地的临时使用权，从而激活资源的"沉睡价值"。

约束条件，构建安全边界。生态资源资产包入市前的"加工"需兼顾开发弹性与风险管控。一方面是部门要协同，联合自然资源、环保、文旅、林业等部门，明确每类资源的利用条件（如开采强度、生态修复标准），避免因权属不清或技术缺陷引发纠纷。另一方面是标准化供给，通过技术规范与合同条款，将资源使用要求转化为可操作的"说明书"，确保市场主体"拿包即用"，降低交易成本与履约风险。

（二）评估生态资源资产包

生态资源资产包在进行市场化配置之前，需通过科学评估来"定价"。与传统单项生态资源资产的评估不同，生态资源资产包的评估对象已扩展至用益物权、生态产品等复合型资产，其核心在于系统性整合。以往的生态资源资产开发常聚焦于单项资源资产的"单兵作战"，追求局部收益最大化。而生态资源资产包评估通过整体规划与统筹协调，将土地、水、生态景观等多要素组合为"价值集合"。这种整合并非简单的物理叠加，而是通过协同效应（如生态景观提升地产溢价）或权衡效应（如生态保护对开发强度的约束），让整体效益实现"1+1 > 2"的效应。目前研究的评估方法主要通过构建生态资源资产价值动态评估与修正模型来实现，依托高分辨率遥感数据、物联网实时监测数据、市场化交易及统计数据，实现多源数据融合，搭建"传统资产评估 + 自然资源价格评估 + 生态产品价值评估"的耦合框架。使用 PLUS 模型模拟土地利用变化场景，建立智能算法驱动模式，依托区块链技术搭建生态产品价值显化路径，建立以金融为导向的生态产品价值量化评估路径。

（三）交易生态资源资产包

借助公开交易模式，为市场主体营造公开、公平的竞争环境，能够最大限度地凸显生态资源资产的价值。当前，土地交易市场和矿业权交易市场已较为成熟，而生态资源资产的整体配置交易市场尚处于探索阶段，主要通过以下方式推进。

一是制定资产交易管理办法。清晰界定责任主体、交易流程及监督管理等关键要素。与此同时，参考当下既有的土地、矿产网上交易规则，制定并出台生态资源资产整体出让的网上交易规则，以此对网上交易行为加以规范。

二是搭建资产交易平台。在现有公共资源交易平台上增设"生态资源资产包"专属模块，支持多类型资源资产（土地、矿权、生态指标等）的组合挂牌、智能匹配、在线竞价等功能。例如，九江市已建成的"全品类一站式"交易系统，可同步展示矿权与周边生态修复权，吸引环保企业"打包"竞标。

三是创新溢价机制设计。在公开交易环节，一个核心要点就是要明确交易竞价过程中不同资源资产溢价的确定方式。可依据资源资产组合的具体状况，灵活采取多种溢价计算模式。例如，按各类型资源资产的一定比例来核算溢价、以某一种资源资产为核心来计算溢价，或是将资源资产视为一个整体，不单独核算溢价等。

（四）金融赋能生态资源资产包

最大限度用好生态资源资产包的资产与金融属性，通过整合中央财政资金、地方政府专项债券、绿色金融和数据资产等，做大"绿色资本"。

1. 用好中央预算内资金等中央财政资金支持

中央预算内资金有多个领域、多个专项涉及生态共富相关项目，如国家发展改革委生态价值实现专项（环资司）、生态保护修复专项（农经司）、重点流域专项（区域司）、海洋专项（区域司）及自然资源部"蓝色海湾"专项等。

以"重点流域水环境综合治理"和"生态保护修复"领域为例，重点流域水环境综合治理专项资金是依据国家发展改革委印发的《重点流域水环境综合治理中央预算内投资专项管理办法》要求，重点支持与流域水环境质量改善直接相关的综合治理类项目，主要包括江河水环境综合治理、湖泊水库水环境综合治理、集中式饮用水水源地保护和源头治理、内源污染治理等。生态保护修复专项资金是依据国家发展改革委印发的《生态保护修复中央预算内投资专项管理办法》要求，重点支持生态保护修复类项目，主要包括"双重""三北"等重点区域生态保护修复项目、重点生态资源保护项目、野生动植物保护及自然保护地建设项目、林业行业及执法能力建设项目、长江生物多样性保护工程项目等9类。

2. 地方政府专项债券

地方政府专项债券以支持具有收益的公益性项目为核心，对生态资源资产包项目采取"整体打包、收益统筹"的扶持方式。根据《国务院办公厅关于优化完善地方政府专项债券管理机制的意见》，进一步扩大专项债券投向领域和用作项目资本金的范围，此外在浙江省、江苏省等省份开展专项债券项目"自审自发"试点，优化专项债券项目审核和管理机制。

从支持方式来看，专项债券对于生态资源资产包的支持主要有两种方式。一是专项债券直接支持。生态资源资产包打包项目通过"公益性 + 经营性"捆绑，将资源开发（如旅游、资源开采）与生态修复打包，形成收益自平衡项目。二是专项债券做资本金。符合条件的项目（如生态修复 + 资源开发）可将专项债券资金作为项目资本金使用，撬动银行贷款或社会资本。

从实施路径来看，主要是"生态修复 + 资源开发"的模式，将公益性生态保护项目与经营性资源开发项目（如旅游、康养、碳汇交易等）打包，以组合收益的形式，"肥瘦搭配"实现整体收益平衡。例如，历史遗留矿山生态修复工程与光伏发电设施项目作为整体项目建设整合申报。

3. 绿色金融支持

绿色金融通过金融部门的投融资决策引导资金从高污染、高能耗产业流向环保、节能、生态等领域，以金融为杠杆，撬动生态价值向经济价值的转化。党的二十大及中央金融工作会议将绿色金融列为金融"五篇大文章"，2024 年印发的《关于发挥绿色金融作用 服务美丽中国建设的意见》明确指出：丰富绿色金融产品和服务，稳妥开发资源环境要素融资产品和服务。

从创新绿色金融产品来看，一是创新专项信贷产品，针对特定生态产业开发特色贷款，如丽水市的"GEP贷""两山贷"，商洛市山阳县的"香菇贷""木耳贷"，四川的"绿色花椒贷""旅游扶贫贷"等。这些产品将生态资源转化为抵押或信用基础，解决融资难题。二是权益类金融工具，主要是用生态产品的预期收益权、用能权、用水权等权益来抵押融资，通过"生态资源资产权益抵押＋项目贷"模式推动生态资源资产化。三是绿色债券与证券化，支持生态企业发行绿色债券或资产支持证券（ABS），如生态旅游债券和农林牧渔业资产支持证券等，以及碳汇收益权质押贷款。

从政策性银行支持政策来看，政策性银行聚焦EOD项目、清洁能源开发、生态修复、污染治理等重点领域，成为绿色金融体系的重要支柱。以国家开发银行和中国农业发展银行为例，国家开发银行的生态类项目支持政策中的重点支持领域包括流域综合治理、土壤修复、矿山生态修复、生物多样性保护等生态环境治理方向和EOD项目。浙江杭州萧山区的湘湖EOD项目，通过捆绑生态治理与科创产业开发，获国家开发银行233亿元授信。中国农业发展银行的生态类项目支持政策明确指出要优先支持纳入国家级试点（如山水林田湖草项目等）的项目及农村污水处理、农业面源污染治理等农村生态环境治理项目。

4. 数据资产入表

数据资产入表是指将企业拥有的数据资源确认为会计意义上的资产，并按照相关会计准则将其纳入资产负债表的过程。财政部印发的《关于加强数据资产管理的指导意见》明确指出，构建"市场主导、政府引导、多方共建"的数据资产治理模式，逐步建立完善数据资产管理制度，不断拓展应用场景，为赋能实体经济数字化转型升级，推进数字经济高质量发展，加快推进共同富裕提供有力支撑。

从具体实施路径来讲，聚焦"数据资产确认""数据资产评估""数据资产计量""数据资产披露"这四个关键环节，深入探寻数据资产入表的可行路径。在数据资产确认阶段，清晰界定数据资产的"身份标识"及其边界范围；在数据资产评估阶段，明确数据资产质量评估、安全合规评估及价值评估的具体方法与流程；在数据资产计量与披露阶段，明确数据资产的成本构成与价值体现。以流域生态片区开发为例，将流域重点开发地域单元内的生态、人流、消费、交通等数据进行确权登记，并获得数据资产登记证书，形成数据资产，按照会计准则对其进行评估，确认其为可量化的资产，将其纳入开发主体资产负债表，将"沉睡"的数据资源转化为可流通的金融资产。

（五）生态资源资产组合包典型场景

生态资源资产组合包的场景多种多样，根据片区开发的需要，结合当地独特的资源优势，因地制宜制定组合包类型，实现特色化开发。这里简要介绍几种典型场景："山林 + 水域"组合场景、"海域 + 岸线 + 陆地"组合场景、"河流 + 农文旅资源"组合场景。

1. "山林 + 水域"组合场景

"山林 + 水域"组合场景（见图 10-3）将山林（森林、林地）与水域（湖泊、溪流、水库）进行整合开发，形成"山水联动"的生态资源资产包。开发方向以生态旅游为主，结合林下种植、森林康养、水上娱乐、森林研学等业态，打造综合性度假区或生态景区。

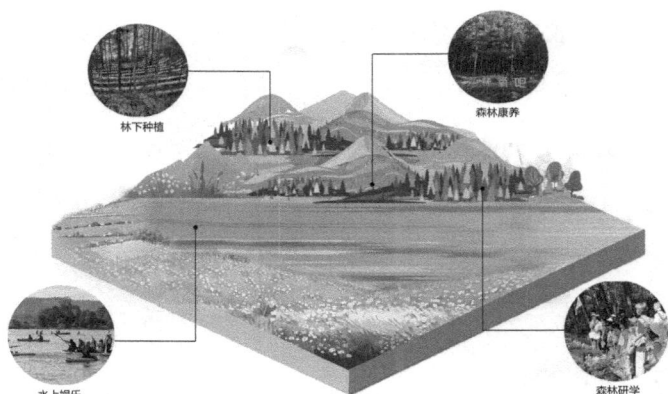

图10-3　"山林+水域"组合场景

资料来源：笔者整理。

2."海域 + 岸线 + 陆地"组合场景

"海域 + 岸线 + 陆地"组合场景（见图 10-4）整合海域（近海、滩涂）、岸线（沙滩、礁石）及陆域土地（度假区、商业用地），形成"海陆联动"的生态资源资产包。开发方向以海边打卡点、海边民宿、沙滩休闲、海上运动为主，打造综合性滨海度假区。

图10-4　"海域+岸线+陆地"组合场景

资料来源：笔者整理。

3. "河流＋农文旅资源"组合场景

"河流＋农文旅资源"组合场景（见图10-5）以河流（河道、湿地）为重点，以河道使用权为核心，联动周边农业、村落、文化资源，形成"水乡农文旅"的生态资源资产包。可结合乡村民宿、河道娱乐、田园观光、乡村露营等方式打造水乡田园综合体。

图10-5 "河流+农文旅资源"组合场景

资料来源：笔者整理。

四、政策建议

第一，依托中央专项资金支持项目，积极探索生态资源资产包运作模式。优先选择生态资源资产丰裕、地方积极性高的区域，以专项资金为牵引，指导地方深化项目谋划实施、生态资源资产确权、数据资产确权等，撬动绿色金融、社会资本投入，协同实施生态环境治理项目和生态产业发展项目，探索生态资源资产确权机制和绿色金融支撑等机制，形成"中央资金＋生态资源资产确权＋绿色金融＋数据资产确权"模式，培育生态

农业、文旅、康养、科创等产业，统筹推进生态环境保护和区域经济社会
发展。

第二，强化生态资源资产储备。以区域资源禀赋、产业优势和发展趋
势为导向，创新生态资源资产储备机制，强化多种资源的整体储备，探索
"多权合一""招拍挂"出让制度、资源组合供应模式等。探索多元化投融
资模式，拓展政策性贷款、绿色金融等融资渠道，依据不同资源资产的特
点探索相适宜的融资模式。

第三，加强生态资源资产典型经验、适用模式的宣传推广，通过现场
会、政策文件、政务信息等方式，推广地方发展流域经济的好经验好做
法，并将可复制可推广的经验制度化。

参考文献

[1] 张占斌.共同富裕专家深度解读[M].北京:东方出版社,2022.

[2] 任毅,张宏军.中国特色社会主义政治经济学视域下的共同富裕及其实践策略[J].经济研究导刊,2024,(9):1-5.

[3] 黄祖辉,傅琳琳.共同富裕理论与浙江试点实践的行动逻辑[J].中国社会科学文摘,2022,(10):84-85.

[4] 赵薇.新时代我国推进共同富裕的路径研究——以浙江为例[J].区域治理,2022,(10):0088-0091.

[5] 孔凡斌,徐彩瑶.生态共富的理论逻辑与乡村实践路径[J].管理学刊,2023,36(3):132-148.

[6] 郑沃林,李尚蒲.收入、生态与农民共富:来自农户的证据[J].南方经济,2022,(5):14.

[7] 朱红,宋兵波.习近平生态文明思想视阈下人与自然和谐共生的理论构建与实践路径[J].北京林业大学学报(社会科学版),2024,23(03):114-121.

[8] 林智钦,林宏赡.坚持和完善生态文明制度体系研究:基于"两山"理念、生态优先、价值转化的视角[J].中国软科学,2024,(S1):259-277.

[9] 谷树忠,胡咏君,周洪.生态文明建设的科学内涵与基本路径[J].资

源科学，2013，35（01）：2-13.

[10] 诸大建.用国际可持续发展研究的新成果和通用语言解读生态文明[J]中国环境管理，2019，11（03）：5-12.

[11] 张帅，诸大建.从增长到稳态：赫尔曼·戴利的可持续发展思想评述[J].中国人口·资源与环境，2023，33（12）：42-50.

[12] 郑永年.共同富裕的中国方案[M].杭州：浙江人民出版社，2022.

[13] 中共浙江省委党校.共同富裕看浙江[M].杭州：浙江人民出版社，2021.

[14] 厉以宁，黄奇帆，刘世锦，等.共同富裕：科学内涵与实现路径[M].北京：中信出版集团，2021.

[15] 刘元春，丁晓钦.发展与超越：中国式现代化的核心问题与战略路径[M].北京：中信出版集团，2024.

[16] 唐健，谭荣，魏西云.农村土地制度改革的中国故事——地方政府行为的逻辑[M].北京：北京大学出版社，2021.

[17] 邓远建，马翼飞，梅怡明.山区生态产业融合发展路径研究——以浙江省丽水市为例[J].生态经济，2019，35（06）：49-55.

[18] 周伟义，蒋挺.浙江省山区26县（市、区）现代林业和生态保护发展现状及对策[J].南方农业，2022，16（18）：88-90+103.

[19] 白彩艳，许多，马雨欣，等.浅析农产品区域公用品牌建设——以浙江省为例[J].农村经济与科技，2022，33（09）：104-106+122.

[20] 王楠，缪卓然.共同富裕背景下宁海县"空心村"活化机制与路径探索[J].经济研究导刊，2024，（14）：5-9.

[21] 吴小敏，曹益芳，吕梦婷，等.利益联结机制下浙江省乡村产业振兴的新业态与新模式[J].现代农村科技，2022，（08）：3-4.

[22] 陈拓，李立杰，王珏. 从"游"到"民"：DNA 数字游民公社的组织力量与乡村嵌入 [J]. 传媒观察，2024，（08）：75–86.

[23] 潘雅辉. 浙江地区农村生态环境污染问题及治理对策研究 [J]. 农业经济，2021，（11）：40–42.

[24] 王宇飞，武红. 赋能区域公共品牌，实现生态产品价值——浙江丽水品牌建设的经验和启示 [J]. 中国发展观察，2020，（Z1）：108–111.

[25] 王韵. 生态共富视角下舟山海岛乡村生态产业发展路径探索 [J]. 农村经济与科技，2024，35（03）：30–33.

[26] 王鸳珍. 绿色发展视域下浙江海上"两山"之路的舟山经验研究 [J]. 浙江海洋大学学报（人文科学版），2022，39（01）：58–64+88.

[27] 毛铁年. 同舟共富：积极探索海岛特色共同富裕路径 [J]. 浙江经济，2022，（03）：25–27.

[28] 徐晶晶. 嵊泗县枸杞岛产业融合发展对策研究 [D]. 舟山：浙江海洋大学，2020.

[29] 卢昌彩. 浙江海洋生态环境治理问题研究 [J]. 决策咨询，2021，（06）：87–92.

[30] 全永波，朱雅倩. 浙江海洋生态文明建设法治化探索与路径优化 [J]. 浙江海洋大学学报（人文科学版），2021，38（05）：1–6.

[31] 陈漫华，陈盼晓，余伟. 风貌导向下的海岛景观全过程改造提升探索——以嵊泗县花鸟岛为例 [J]. 中国园林，2024，40（S1）：59–64.

[32] 陆瑜琦. 全域旅游视角下边缘海岛乡村转型发展路径研究——基于舟山花鸟岛实践的思考 [J]. 中国集体经济，2023，（26）：5–8.

[33] 杨犇，栾峰，张引. 提质、共融：大都市近郊乡村振兴的产业经济策略——以乌鲁木齐北部乡村地区为例 [J]. 西部人居环境学刊，2018，

33（01）：13-19.

[34] 李义龙，廖和平，李强，等. 大都市近郊城乡统筹与现代农业发展关系研究——以重庆市渝北区为例 [J]. 湖北农业科学，2018，57（19）：48-53.

[35] 吴彬，李姝彤. 浙江"千万工程"何以促进乡村振兴——以浙江萧山横一村为例 [J]. 中国农民合作社，2024，（02）：57-58.

[36] 陈钢，本刊综合. 萧山义桥：奋力谱写中国式现代化义桥"四地"篇章 [J]. 浙江画报，2024，（04）：44-49.

[37] 柯敏，王斌."萧滨一体化"：打造区域协作共富升级版 [J]. 杭州，2023（03）：46-47.

[38] 高帅，俞典，舒也，等. 浙江省推进生态环境导向开发（EOD）模式的思考与建议 [J]. 再生资源与循环经济，2023，16（04）：6-8.

[39] 王际娣. 重大项目重大平台催化新质生产力 [J]. 小康，2024（08）：24-27.

[40] 林毅. 重大能源项目建设中的征地拆迁问题研究 [D]. 舟山：浙江海洋大学，2018.

[41] 阮冰. 多措并举推进 EOD 项目高质量落地 [J]. 中国环保产业，2023，（10）：24-25.

[42] 王小娜，乔根平，王亚杰. 基于 WOD 模式的区域发展路径探讨 [J]. 水利经济，2023，41（04）：9-14+102.

[43] 吴浓娣，樊霖，刘定湘. 运用 WOD 模式推进水利高质量发展初探 [J]. 中国水利，2024，（18）：14-18.

[44] 张建红，王蕾，吴有红. 水安全保障导向的开发（WOD）模式探讨 [J]. 中国水利，2023，（09）：36-39.

[45] 夏杰长，刘怡君. 交旅融合高质量发展的内在逻辑与实施方略 [J]. 改革，2022（08）：111–122.

[46] 张晓春，江捷，陈澍，等. 交能融合视角下城市交通新能源补给设施发展策略 [J]. 城市交通，2024，22（05）：1–8+100.

[47] 李哲，吴爽. 全民所有自然资源资产所有权委托代理行使机制探讨 [J]. 中国国土资源经济，2024，37（03）：43–51+57.

[48] 韩英夫. 全民所有自然资源资产保护和使用规划的立法难题与纾解 [J]. 中国人口·资源与环境，2023，33（12）：184–194.

[49] 李政，谭荣，范振林，等. 全民所有自然资源资产所有者职责资源清单——编制理论与思路刍议 [J]. 中国国土资源经济，2023，36（03）：43–49+57.

[50] 何钊，胡守庚，瞿诗进，等. 全民所有自然资源资产所有权权利体系及其行权方式探讨——基于委托代理机构的视角 [J]. 中国土地科学，2023，37（12）：14–23.

[51] 马羽男，杨国强，赵学刚. 全民所有自然资源资产所有权委托代理监管机制研究 [J]. 中国国土资源经济，2024，37（05）：46–53+70.

[52] 张义，王亚林，李政，等. 优化全民所有自然资源资产所有权管理研究——基于区分所有权与监管权的视角 [J]. 中国国土资源经济，2024，37（09）：55–63.

[53] 刘小龙，张永红，杨鸿泽. 全民所有自然资源资产所有权委托代理行使机制探讨 [J]. 中国土地，2021，（07）：42–44.

[54] 陈弋旸，张晓蕾，朱美儒. 全民所有自然资源资产管理评价考核机制研究 [J]. 中国国土资源经济，2024，37（12）：35–42.

[55] 付鹏. 见证逆潮——全球资产逻辑大变局的思考 [M]. 北京：电子工业

出版社，2024.

[56] 刘芳，谭荣，刘成明，等 . 土地金融产品的底层逻辑及风险防控研究 [J]. 中国土地科学，2024，38（11）：29-37.

[57] 谭荣 . 自然资源资产的价值和价格 [J]. 中国土地科学，2023，37（05）：1-9.

[58] 饶淑玲，谷阳 . 生态产品价值实现背景下生态产业发展路径研究 [J]. 可持续发展经济导刊，2024，（Z2）：77-83.

[59] 郭云冬，陈文烈 . 生态资源产权融资与生态产品价值实现——基于理论、模型与应用的分析框架 [J]. 开发研究，2024，（02）：89-99.

[60] 蔡纯 . 绿色金融支持乡村生态产品价值实现的政策研究 [D]. 武汉：中南财经政法大学，2023.

[61] 赵晶晶，葛颜祥，李颖 . 流域生态补偿多元融资的障碍因素、国际经验及体系建构 [J]. 中国环境管理，2022，14（02）：62-69.

[62] 李雪敏 . 自然资源资产价值评估方法比较与选择 [J]. 统计与决策，2023，（06）：14-20.

[63] 王朋薇，钟林生 . 协商货币评估法在生态系统服务价值评估中的应用 [J]. 生态学报，2018，38（15）：5279-5286.

[64] 周晨，李国平 . 生态系统服务价值评估方法研究综述——兼论条件价值法理论进展 [J]. 生态经济，2018，34（12）：207-214.

[65] 吴进 . 资产评估助力生态资源价值高效转化 [N]. 中国会计报，2024-11-15（008）.

[66] 董战峰，郝春旭，璩爱玉，等 . 基于《生态保护补偿条例》持续深化生态保护补偿制度改革 [J]. 环境保护，2024，52（13）：11-15.

[67] 刘桂环，王夏晖，文一惠，等 . 近 20 年我国生态补偿研究进展与实践

模式 [J]. 中国环境管理，2021，13（05）：109-118.

[68] 刘桂环，谢婧，文一惠，等.关于推进流域上下游横向生态保护补偿
机制的思考 [J]. 环境保护，2016，44（13）：34-37.

[69] 王宇飞，靳彤，张海江.探索市场化多元化的生态补偿机制——浙江
青山村的实践与启示 [J]. 中国国土资源经济，2020，33（04）：29-
34+55.

[70] 王兰梅，张晏.流域横向生态补偿的"新安江模式"：经验、问题与
优化 [J]. 环境保护，2022，50（08）：58-63.

[71] 郭阳.共同富裕背景下社会力量参与第三次分配：时代内涵、实践形
态与路径省思 [J]. 河南社会科学，2024，32（10）：88-96.

[72] 曹振.共同富裕视角下第三次分配的运行逻辑与制度展开 [J]. 西安财
经大学学报，2023，36（06）：32-43.